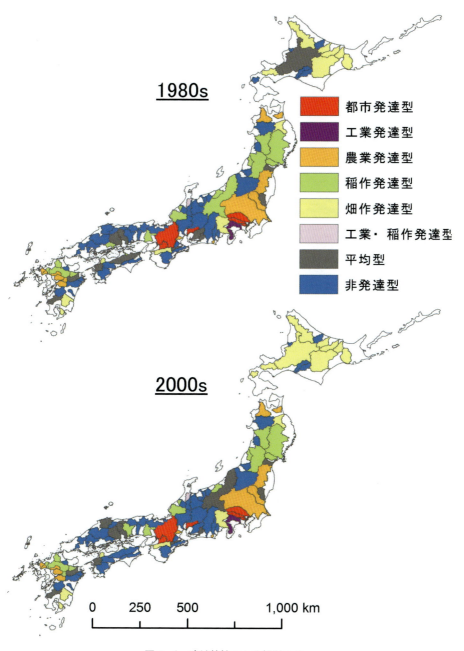

図Ⅲ-1 流域特性による類型区分

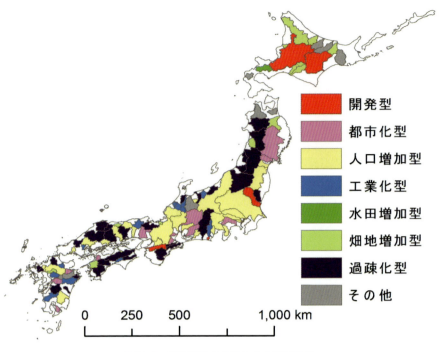

図Ⅲ-2 流域特性の変化による類型区分

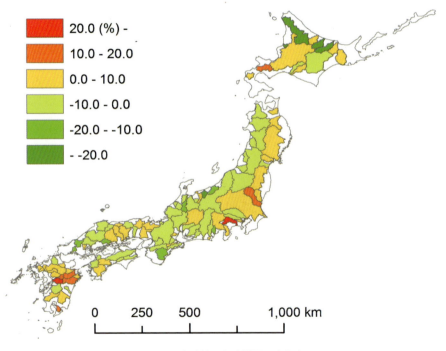

図Ⅲ-3 各流域の総水需要の変化率

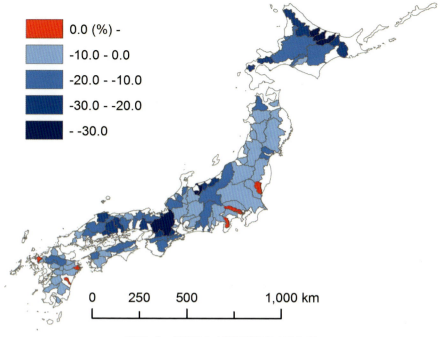

図Ⅲ-4 各流域の水資源賦存量の変化率

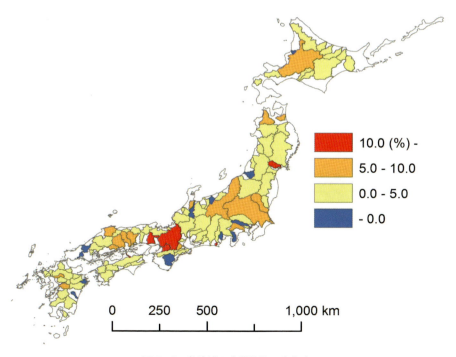

図Ⅲ-6 各流域の水需給比の変化率

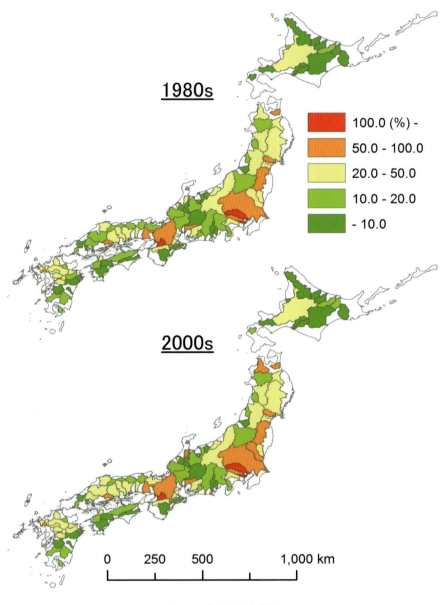

図Ⅲ-5 各流域の水需給比

水環境問題の地域的諸相

山下亜紀郎 著

古今書院

Regional aspects of water environmental issues

YAMASHITA Akio

ISBN978-4-7722-8115-7

Copyright © 2015 by YAMASHITA Akio

Kokon Shoin Publishers Ltd., Tokyo, 2015

まえがき

　自然環境と人間活動の関係を考察することは，地理学をはじめとするさまざまな学問分野における重要な課題である。その自然環境の中でもとくに水環境は，人間の生存，日常生活，生産活動ともっとも密接に関わっているといえる。

　まず水は，人間にさまざまな恵みをもたらす。文字通りの命の水としての飲用水にはじまり，炊事，洗濯等の日常生活に利用される水があり，農業や工業等の生産活動にも水は欠かせない。また，日常生活空間における水辺の存在は，人間に心理的な好影響を与えるのみならず，火災の延焼を防いだり，夏の暑さを緩和したり，余暇活動の場を提供してくれたり，さまざまな形で人間の日常生活の質的向上にも大きく貢献している。

　一方で水は，人間に災いをもたらすこともある。2011年3月の東北地方太平洋沖地震に伴う大津波は，水がわれわれの生活にもたらす脅威を再認識させた。それ以外にも近年は局地的な集中豪雨による洪水被害や土砂災害が各地で報告されるようになった。過去を振り返っても，高度経済成長期に顕在化した公害問題の多くは，水が有害物質を媒介したものであり，このような産業排水や生活排水は，その後も多くの地域で健康被害や生活環境の悪化といった問題を引き起こした。こうした人と水の関係に関わる事項は，いつの時代も人々の関心を引きつけてやまない。

　さて，本書のタイトルにもある水環境問題とはどのような問題なのであろうか？　上記に即して言うならば，人間にとって恵みがもたらされないこと，あるいは災いがもたらされることということになろうが，それではいささか抽象的すぎるので，具体的に次のように整理した。

　まず，水そのものの問題としては大きく「質の問題」と「量の問題」に分けられよう。質の問題としては，水質汚濁による生活環境の悪化，生態系の破壊

などが挙げられるが，とくに発展途上国において飲用に足る安全な水を得られない問題の一因も，身近な水の質の悪さにあるともいえる。

　量の問題はさらに2つに分けられる。1つは水が「多くて」困る問題である。豪雨や洪水などによる災害がこれに該当する。この一時的あるいは局地的に水が多すぎる問題を回避するための対策が治水である。他方で水は「少なくて」も問題である。これは人間が生存，生活，生産に必要とする水を十分に得られるかどうかの問題といえるが，必ずしも降水という水供給が恒常的に少ない乾燥地域だけの問題ではなく，日本も含めたモンスーンアジアのような降水量の多い地域でも顕在化している。つまり，水が少なくて困るというのは，水供給の少なさの問題ではなく，需要と供給のバランスの問題である。限られた都市に人口や産業が集中し水需要が空間的に偏在化する一方で，降水量あるいは地下水涵養量や貯留量の多い地域とそのような需要の大きい都市部の分布とは大抵の場合一致しない。農業用水のように季節によって水需要が異なる場合も，自然の降水がそれに合わせて都合よく増減してくれるわけでもない。ダムや導水路の建設，下水処理水の再利用や海水淡水化などの技術は，そのような需要と供給の空間的，時間的不一致を解消するための手段であるといえるが，この水需給バランスの問題は，依然として多くの地域において今なお切実な課題である。

　これら水そのものに関する問題に加えて，近年，とくに1997年の河川法改正以降関心が高まってきているのは，親水に関わる「景観の問題」，すなわち水とそれを取り巻く周辺環境の問題である。日本でも近代以降，震災・戦災復興や高度経済成長とそれに伴うモータリゼーションの進展によって，人々の生活の舞台であった水辺が次々に消えていった。しかし最近になって，一度消滅した都市の水辺を復活させる動きも盛んである。この景観の問題を扱った研究としては，主に建築分野，工学分野からアプローチされる水辺空間が有する視覚的なデザインや構造に関する議論と，人間生態的，社会的観点からの人間行動との関わりに関する議論とが代表的であろう。

　以上を要約すると，水環境問題には質の問題，量の問題，景観の問題という3つの側面があるといえる。したがって本書の構成も，この3側面を踏まえな

がら以下のようになっている。

　Ⅰ章ではまず，水の質に関わる問題として，長野県の諏訪湖の環境変化を取り上げる。具体的には，アオコの発生に象徴される水質変化と，気候の変化による冬季の結氷状況にみられる変化に着目し，諏訪湖を観光資源としてきた観光業者が，その環境変化にどのように対応し，自らの生業を維持してきたかを明らかにする。

　Ⅱ章では，水の量に関わる問題のうち，近年，日本でも増加傾向にある集中豪雨とそれに伴う土砂災害に対する防災に着目する。具体的には2006年に大きな土砂災害に見舞われた長野県岡谷市を対象に，公助・共助・自助の3側面からみた地域の総合的な防災力について考察する。

　一方，Ⅲ～Ⅵ章では，同じく水の量に関わる問題のうち，水需要と水供給とのバランスについて考察する。まずⅢ章では，日本の一級水系109流域を対象に，水需要と水供給能力を推し量る指標となる統計データを収集し，GISを用いて流域単位で集計，分析することで，その流域水需給ポテンシャルを比較する。Ⅳ章とⅤ章では，関東地方の2つの流域を対象に，それぞれ灌漑用水と都市用水にみられる河川水利体系と水利用の実態を明らかにし，それらと流域規模での水需給バランスやさまざまな環境条件との関係を分析する。またⅥ章では，大都市の水需給に関わる話題として，東京都における都市用水利用と水資源開発の変遷を取り上げる。その際，ダムや河口堰に象徴される表流水源としての河川水利用だけでなく，近年，災害時等の緊急水源としても注目されつつある地下水利用にも言及する。

　最後のⅦ章は，都市内部の水辺景観に着目した論考である。具体的には，石川県金沢市内を流れる自然的・歴史的遺産としての用水路網を対象として，都市住民の生活と用水路景観との係わりの変遷を辿りながら，近年の景観整備事業に対する地域住民の意識や実践について分析・考察する。

　本書を通してほぼ一貫しているのは，水環境に焦点を当てながら，コミュニティスケールから流域スケールまでさまざまな地域を対象に，そこで顕在化している具体的な問題を取り上げ，それに対して行政や地域社会がどのように対応してきたかを描くことによって，自然環境と人間活動の関係について考察し

ようとしている点である．本書のタイトルにある地域的諸相とはそのような趣旨を表している．また，本書を構成する各章は，主に都市に焦点を当てている．それは人口と産業の都市への集中がさまざまな水環境問題を引き起こしてきたからである．一方で，水に関わる人間の営みと自然環境との関係の理解には流域という地域スケールが重要である．とくに量の問題としての水の需要と供給の関係は，自然的地域単位としての流域スケールで検討することが有効である．

なお，本書に掲載した論考の初出原稿は以下の通りである．

Ⅰ章

山下亜紀郎　2006．諏訪湖の環境変化と観光業者の対応．環境情報科学論文集 20：177-182．

Ⅱ章

山下亜紀郎　2010．公助・共助・自助からみた岡谷市の地域防災力．地理学論集 85：16-25．

Ⅲ章

山下亜紀郎　2013．水需給ポテンシャルの変化からみた日本の一級水系流域の地域的傾向．GIS －理論と応用 21：107-113．

Ⅳ章

山下亜紀郎　2007．流域規模の河川水利用と灌漑水利体系の比較研究－那珂川流域と鬼怒・小貝川流域を事例として－．水利科学 297：13-44．

Ⅴ章

山下亜紀郎　2009．都市用水の水利体系と流域の地域的条件－那珂川流域と鬼怒・小貝川流域を事例として－．地学雑誌 118：611-630．

Ⅵ章

山下亜紀郎　2013．東京の都市用水利用の変遷－水源としての表流水と地下水に着目して－．地学雑誌 122：1039-1055．

Ⅶ章

山下亜紀郎　2001．金沢市における都市住民による用水路利用と維持への参加．地理学評論 74A：621-642．

これらの中には公表から年月を経たものもあり，また論文として公表後に新たな分析・考察を加えたものもあり，それらについては，全体の統一性を図りながら，多かれ少なかれ加筆・修正を施している。

　また，本書の調査・分析の一部は，以下の研究助成を受けて実施したものである。
　平成 19 〜 21 年度日本学術振興会科学研究費補助金基盤研究（B）「地球温暖化による豪雨の増大に伴う流域地形変化の研究と防災への応用」（課題番号：19300306，研究代表者：小口　高）（Ⅱ章）
　平成 24 〜 26 年度日本学術振興会科学研究費補助金若手研究（B）「水資源再編期における流域圏水需給システムの適正化」（課題番号：24720371，研究代表者：山下亜紀郎）（Ⅲ章，Ⅵ章）

　本書は，著者が大学院生時代から続けてきた研究の成果をまとめたものであり，その過程において多くの方々からのご指導・ご協力を賜りました。まず，著者の博士論文の主査であり，学生時代から現在まで，時には厳しく時には優しく常にご指導をいただきました，筑波大学名誉教授の田林 明先生に感謝申し上げます。同じく筑波大学大学院地球科学研究科（当時）および生命環境科学研究科の先生方，先輩方，同級・後輩諸氏からは，公私にわたりさまざまなご助言・ご支援を賜りました。小口 高先生はじめ東京大学空間情報科学研究センターの先生方，スタッフの皆様からは，研究者として大きな刺激を受け，自らを成長させることができました。金子正美先生はじめ酪農学園大学環境システム学部の先生方，スタッフの皆様には，雄大な北海道の自然の中，著者を環境研究の道へといざなっていただきました。以上の方々に感謝申し上げます。そして最後に，著者が本書を上梓するのを見届けることなく天に召されてしまわれた二人の先生に心から謝意を表します。筑波大学名誉教授の高橋伸夫先生は，著者の卒業論文と修士論文の指導教員であり，博士論文についても筑波大学をご退職されるまで，至らぬ著者をいつも厳しく指導してくださいました。

同じく筑波大学名誉教授の斎藤 功先生は，大学院時代に研究がうまくいかず思い悩んでいた著者を救ってくださいました。現在の著者があるのも，生前の両先生のお導きのおかげです。高橋先生，斎藤先生のご冥福を心よりお祈りいたします。

　なお，本書の出版に際しては，平成26年度日本学術振興会科学研究費補助金（研究成果公開促進費）（課題番号：265125）の助成を受けました。出版の労を引き受けてくださいました株式会社古今書院の橋本寿資社長，編集担当の原 光一様，鈴木憲子様に感謝いたします。

2015年2月
山下亜紀郎

目　次

まえがき ……………………………………………………………………………… i

Ⅰ章　水環境の質的変化と観光 …………………………………………………… 1
1. はじめに ……………………………………………………………………… 1
2. 研究の方法 …………………………………………………………………… 2
3. 諏訪地域の都市化 …………………………………………………………… 3
4. 貸船業者の観光戦略とその背景 …………………………………………… 5
5. 釣舟業者の観光戦略とその背景 …………………………………………… 8
6. おわりに ……………………………………………………………………… 11

Ⅱ章　豪雨に伴う土砂災害と防災 ………………………………………………… 17
1. はじめに ……………………………………………………………………… 17
2. 「平成18年7月豪雨」の被害 ……………………………………………… 20
3. 公助：岡谷市の防災施策 …………………………………………………… 21
4. 共助：自主防災会の取り組み ……………………………………………… 23
　4．1　2006年豪雨時の対応 ………………………………………………… 24
　4．2　平常時における防災活動 …………………………………………… 25
5. 自助：住民の防災意識 ……………………………………………………… 27
6. 公助・共助・自助の相互関係 ……………………………………………… 31
7. おわりに ……………………………………………………………………… 34

Ⅲ章　日本の流域水需給特性の地域的傾向 ……………………………………… 37
1. はじめに ……………………………………………………………………… 37
2. 流域水需給データベースの作成 …………………………………………… 38
　2．1　流域界データ ………………………………………………………… 38

2. 2　人口データと水道用水需要 ……………………………………… 38
　2. 3　事業所データと工業用水需要 …………………………………… 39
　2. 4　土地利用データと農業用水需要 ………………………………… 39
　2. 5　降水量データと水資源賦存量 …………………………………… 40
3. 流域特性にみられる地域的傾向 ……………………………………… 40
　3. 1　人口 …………………………………………………………………… 40
　3. 2　事業所数 ……………………………………………………………… 41
　3. 3　土地利用 ……………………………………………………………… 41
　3. 4　総合的な流域特性 …………………………………………………… 42
4. 水需給ポテンシャルにみられる地域的傾向 ………………………… 44
　4. 1　総水需要の変化 ……………………………………………………… 44
　4. 2　降水量と水資源賦存量の変化 ……………………………………… 46
　4. 3　水需給比の変化 ……………………………………………………… 46
5. おわりに ………………………………………………………………… 49

IV章　流域の河川水需要と灌漑水利体系 ……………………………… 53

1. はじめに ………………………………………………………………… 53
2. 研究の目的と方法 ……………………………………………………… 55
3. 那珂川流域と鬼怒・小貝川流域における河川水利用の定量的・空間的特性 ……………………………………………………………………… 57
　3. 1　許可水利権の総件数と総取水量 …………………………………… 57
　3. 2　特定水利権の取水口分布 …………………………………………… 58
　3. 3　特定水利権の水源 …………………………………………………… 61
4. 那珂川流域の西の原地区における灌漑水利体系 …………………… 65
　4. 1　西の原地区における用水改良事業以前の用排水体系 …………… 65
　4. 2　西の原地区における用水改良事業による用排水体系の変化 …… 67
5. 鬼怒・小貝川流域の鬼怒川南部地区における灌漑水利体系 ……… 71
　5. 1　鬼怒川南部地区における水利体系の変遷と現状 ………………… 72
　5. 2　中三坂地区における水利事情 ……………………………………… 77

6. おわりに ·· 80

V章　水道用水供給システムと流域の地域的条件 ································ 85
  1. はじめに ·· 85
  2. 研究の目的と方法 ·· 88
  3. 流域内水道事業体の水道水源 ·· 90
  4. 水戸市における水道用水供給システムの変遷 ································· 93
  5. 水海道市における水道用水供給システムの変遷 ····························· 98
  6. 水道用水供給システムの差異をもたらす流域の地域的条件 ········· 101
    6. 1　地形 ··· 101
    6. 2　土地利用 ··· 105
    6. 3　水利権 ·· 107
  7. 考　察 ·· 110
  8. おわりに ·· 112

VI章　大都市における水需要と水資源の変遷 ·· 117
  1. はじめに ·· 117
  2. 東京の水道事業の変遷 ·· 118
    2. 1　近代水道の創設と施設拡張 ··· 118
    2. 2　多摩地区水道の都営一元化 ··· 119
    2. 3　利根川水系水資源開発基本計画に基づく施設拡張と水源増強
       ·· 123
  3. 地盤沈下と地下水揚水 ·· 125
    3. 1　東京における地盤沈下問題と地下水揚水規制 ··················· 125
    3. 2　地下水揚水量の変遷 ··· 127
  4. 多摩地区の水道水源としての地下水 ·· 128
    4. 1　都営水道に一元化した自治体の水道事業の変遷と地下水保全
       の現状 ·· 130
      4. 1. 1　立川市の事例 ··· 130

4.1.2　国分寺市の事例 ……………………………………… 132
　　4.2　都営水道に一元化していない自治体の水道事業の変遷と地下
　　　　水保全の現状－昭島市の事例－ ………………………………… 133
　5. おわりに ……………………………………………………………… 136

Ⅶ章　都市の水辺景観と都市住民の生活との係わり　143
　1. はじめに ……………………………………………………………… 143
　2. 研究の目的と方法 …………………………………………………… 144
　3. 研究地域の概観 ……………………………………………………… 145
　4. 住民による用水路利用の変遷と利用形態 ………………………… 151
　　4.1　1960年代以前における用水路の利用形態 ………………… 152
　　4.2　1970年代以降における用水路の利用形態 ………………… 154
　5. 住民属性・居住地に基づく用水路利用と維持にみられる差異 … 157
　　5.1　用水路利用にみられる差異 …………………………………… 157
　　　5.1.1　住民属性 ……………………………………………… 157
　　　5.1.2　居住地 ………………………………………………… 161
　　5.2　用水路の維持にみられる差異 ………………………………… 164
　　　5.2.1　住民属性 ……………………………………………… 164
　　　5.2.2　居住地 ………………………………………………… 167
　6. 地域組織による用水路の維持と活用 ……………………………… 170
　　6.1　長町校下 ………………………………………………………… 170
　　6.2　小立野校下 ……………………………………………………… 172
　7. おわりに ……………………………………………………………… 173

あとがき ……………………………………………………………………… 179
索　引 ………………………………………………………………………… 182

Ⅰ章　水環境の質的変化と観光

1. はじめに

　諏訪湖は日本でも有数の富栄養湖として知られている。1960年代に始まる集水域の急速な工業化や住宅地化による人口増加などによって，水質は次第に悪化し，湖底には汚物が堆積するようになった。そして1963年には初めてアオコが異常発生した。また，近年の冬期間における気象条件の変化に伴って，諏訪湖は全面結氷しなくなり，冬の風物詩であった，湖を縦断するようにして氷に割れ目ができる「御神渡り」現象もみられなくなりつつある。このような諏訪湖における水質や底質，生態系，気候などに関する自然科学的な研究は，たとえば沖野（1989，1995），沖野・花里（1997），佐々木ほか（1997），三上・石黒（1998）など多くの蓄積があり，諏訪湖の自然環境の現状やその変化について，様々な側面から明らかにされている。しかしながら，地誌学的な観点から，このような自然環境の変化と人間生活との関わりに言及したものはない。

　そこで本章では，諏訪湖という自然環境を観光資源とする観光業者に着目し，上述のような湖の環境変化に対して，どのような対応をとって自らの生業を存続させてきたかを，観光業者の戦略および方策から解明することを目的とする。

　諏訪湖とその周辺には，温泉や宿場町の景観など様々な観光資源が存在しているが，本章で対象とするのは，湖上で展開され湖域の空間を利用する観光形態である。それは，これらが湖という自然観光資源を直接利用しているため，自然環境の変化にもっとも敏感と考えられるからである。諏訪湖域の空間を利用する観光形態としては，貸船業者による遊覧船やボート類，釣舟業者による

釣舟,そして諏訪湖ヨットハーバーを拠点とするジェットスキーやヨット,ウインドサーフィンなどがある。そのうち,本章では貸船業と釣舟業に焦点を当てる。なぜなら,諏訪湖ヨットハーバーに関しては,山下(2001)において既に触れられているように公営施設のため,観光客誘致の独自の観光戦略を特に実施していないからである。

　従来の湖に関する観光研究は,もっぱら陸域としての湖畔に着目してきた。たとえば,佐々木(1988)や山村(1989)は,山梨県山中湖村における観光開発の歴史的展開について述べ,湖畔の旭日丘,平野,山中,長池の各地区における,宿泊施設や別荘地,テニスコート,土産物屋などの建設を中心とした観光地化と,それに伴う土地利用や村落社会の変容を論じた。山本(2002)は,山中湖が観光地と保養地という2つの性格を有すると捉え,主に観光施設の立地する湖畔沿いと,保養施設の立地する湖畔から山手側の後背地とで,棲み分けされた空間構造となっていると結論づけた。一方,松田ほか(1996)は,琵琶湖畔の滋賀県志賀町における民宿や保養所の立地特性について分析した。山下(2001)は,諏訪湖畔2市1町における観光開発戦略の多様性と地域間提携を,主に湖周辺に立地する宿泊施設と美術館・博物館などの観光施設を対象として考察した。これらの論考はいずれも観光開発という側面から,陸域としての湖畔地域の変容を研究対象にしたものである。しかしながら,湖域の観光利用の空間分布に言及した研究は少なく,千歳市支笏湖における既存のボートや遊覧船と新規の水上バイクやスキューバダイビングとの空間共有について論じた荒木(1995)や,霞ヶ浦周辺のマリーナを拠点とするプレジャーボート利用者の行動水域を明らかにした佐藤(2003),中禅寺湖,琵琶湖,洞爺湖,屈斜路湖におけるプレジャーボート利用調整を比較,整理した愛甲ほか(2005)などがわずかにあるのみである。

2. 研究の方法

　本章の対象地域である諏訪湖は,面積13.3km^2,湖周長15.9km,平均水深4.7m,フォッサマグナを南西側の湖岸線とする断層湖である。流入河川は31あるが,

流出河川は天竜川のみである。諏訪湖の集水域の大部分を占めるのは，一括して諏訪地域と呼称される，岡谷市，諏訪市，茅野市，下諏訪町，富士見町，原村の6市町村である。

　本章では，諏訪湖上で展開される観光形態の変化を，観光業者の観光戦略の分析を通じて明らかにする。貸船業者や釣舟業者のように，湖そのものを観光資源として利用する観光業者は，当然，集水域の都市化の進展に伴う湖の自然環境の変化に無関心ではいられない。なぜならば湖という自然観光資源の劣化あるいは喪失は，彼らの生業の維持にとってきわめて重大な事柄だからである。したがって彼らは，水質汚濁の著しい諏訪湖の環境保全に熱心であるのは無論であるが，観光戦略に関しても，湖の環境変化への対応を余儀なくされたものとなっていると推測される。

　研究方法としては，貸船業と釣舟業にみられる観光戦略の展開について，主に観光業者への聞取り調査に基づき解明する。そしてそれらが諏訪湖の環境変化に関するいかなる背景と関連しているかについて検討する。その際に用いた諏訪湖の水質や結氷などの自然環境に関する時系列的なデータは，長野県生活環境部および長野地方気象台から得た。

3. 諏訪地域の都市化

　まず，諏訪湖の自然環境の変化に大きな影響を与えた，集水域の人口増加，工業化の進展について時系列的に述べる（図 I-1, I-2）。諏訪湖の集水域は，湖岸の諏訪市，岡谷市，下諏訪町に茅野市，富士見町，原村を加えた6市町村からなり，諏訪地域と総称される。諏訪湖畔に位置する岡谷市，諏訪市，下諏訪町は，1970年代まで人口増加傾向であるが，その後は停滞あるいは漸減している。富士見町と原村における人口は1960年以降あまり増減がなく，一方で茅野市における1970年以降の人口増加が顕著である。このことから諏訪地域では，諏訪湖畔の2市1町においてもっとも早く都市化が進展し，続いて茅野市へと拡大していったことがわかる。岡谷市，諏訪市，下諏訪町は明治期以降，日本の製糸業の中心地として発達し，1964年に新産業都市に指定されて以降，

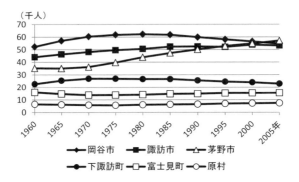

図 I-1　諏訪地域6市町村の人口推移
国勢調査報告より作成

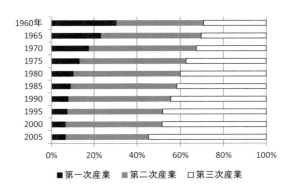

図 I-2　諏訪地域における就業構造の推移
国勢調査報告より作成

精密機械工業の一大集積地となった。このような工業化に伴って多くの人口が当地域に流入した。

　次に，諏訪地域における就業構造の推移であるが，第一次産業（主に農業）就業者数は，1960年以降一貫して減少し続けている。第二次産業（主に製造業）は1970年まで増加し続け，以降横ばいである。一方で第三次産業は，とくに1970年代以降増加している。市町村別に就業構造をみると（表I-1），いずれの市町村も第三次産業の割合がもっとも高いが，富士見町と原村では第一次産業の割合も比較的高い。諏訪湖畔の岡谷市，下諏訪町では相対的に第二次産業

表 I-1　諏訪地域における市町村別就業構造（2005年）

	第一次産業	第二次産業	第三次産業
岡谷市	2.2	44.3	53.5
諏訪市	3.9	36.1	60.1
茅野市	8.9	37.1	54.0
下諏訪町	2.2	41.9	55.9
富士見町	16.3	35.6	48.1
原村	31.9	26.3	41.7

単位は（%）
国勢調査報告より作成

の割合が高い。諏訪市も製造業が集積するものの観光産業が含まれる第三次産業の割合が6市町村で唯一60%を超えている。このことから，諏訪湖観光の中心地は諏訪市であるということがいえる。

4. 貸船業者の観光戦略とその背景

　現在の諏訪湖畔には，遊覧船や釣舟といった湖そのものを利用する観光形態だけでなく，美術館，博物館をはじめとした多様で豊富な観光施設が立地している。それらはとりわけ諏訪市に集中しており，遊覧船や釣舟の桟橋，美術館に加えて，諏訪湖間欠泉センターや諏訪湖畔公園，諏訪湖ヨットハーバーなどが立地している。しかし従来の諏訪湖観光の中心は，遊覧船やボート類の貸船業であった。

　諏訪市貸船組合(以下，貸船組合と略記)は1953年に設立された。それ以前は，各業者が個人単位で貸船業を営んでいたが，組合設立後は統一した操業規則や運賃体系に基づいて営業がなされている。2000年時点において貸船組合に加盟している貸船業者は3社あり，そのうち2社は宿泊業との兼業，1社は建設業との兼業である。組合設立当初の加盟業者数はこれより多かったが，業者の統廃合が進み，3社になった。それらの業者で，船着場としての桟橋や，定員90人以上の大型遊覧船，12人乗りや38人乗りの小型遊覧船，手こぎボートおよびスワンボートなどを所有し，貸船業を営んでいる。

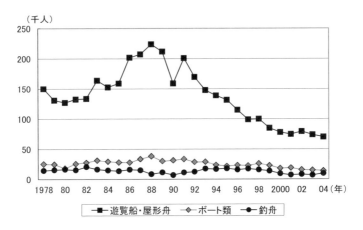

図 I-3　諏訪市における観光船乗船者数の推移
「諏訪市観光動態要覧」より作成

　図 I-3 は，諏訪市における観光船乗船者数の推移を表したものである。1990年代に入り，その減少は非常に顕著である。バブル経済崩壊後の消費不振が最大の要因であろうが，貸船業者への聞取り調査によると，客数減少の一因として，諏訪湖の水質汚濁によるイメージの低下も挙げられている。

　諏訪湖の水質汚濁を象徴する現象のひとつとして，アオコの発生が挙げられる。諏訪湖では1960年頃から富栄養化が進み，1963年に初めてアオコが異常発生した。以来毎年発生し，諏訪湖の水質に大きな影響を与えている。アオコの発生は，諏訪湖の水質汚濁を視覚的に観光客に認知させるものであり，景観的側面からも諏訪湖のイメージを損ねている。アオコは，湖水中のリン濃度と窒素濃度が高いと発生するのであるが，水温20℃以上で日射量の多い日に特に発生しやすく，毎年夏に異常発生する傾向にある。

　諏訪教育会（1982）によると「湖の原水のCODは湖内で発生する植物プランクトンの量ときわめて高い相関を有している」ことから，諏訪湖のCOD[1]の時系列的変化をみてみる。

　まず経年変化だが，諏訪湖浄化対策研究委員会編（1968）によると，諏訪湖のCODの値は，1957年に1.8mg/lであったものが，1962年には3.5，1966年

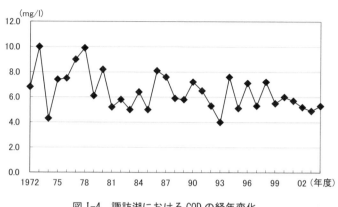

図 I-4　諏訪湖における COD の経年変化
長野県生活環境部の資料より作成

には 5.3 へと増加した。そして 1970 年代以降について図 I-4 をみると，1973 年には最大値 10.0 を記録した。このことは，諏訪湖の水質が，諏訪地域の工業化や人口増加に伴って次第に悪化してきたことを表している。しかし 1970 年代以降，年による変動が大きいものの水質は若干改善され，近年では 4.0 から 6.0 の間で推移している。しかし，環境基本法の環境基準で定められている 3.0mg/l に比べれば，依然として値は高い。

　次に経月変化（図 I-5）だが，8，9 月の値が高く，冬季は比較的低い。このことから，諏訪湖の遊覧船観光の最盛期である夏季が，COD の年最高値を記録する時期，つまりアオコの発生量がもっとも多く，諏訪湖がもっとも「汚れている」時期であるといえる。アオコの異常発生は，観光客にとって視覚的に自然環境の悪化を認知しうるものである。したがって，従来の諏訪湖が有する「見る」対象としての観光資源的価値はもはや期待できず，貸船業者は，単に諏訪湖を一周し，湖と周辺の山並みの景色を見せるだけの遊覧船運航のみでは，これ以上の集客は望めないと考えるようになった。

　しかし大型の遊覧船を所有する貸船業者にとっては，客を船に乗せないことには営業が成り立たない。そこで，貸船組合は，1992 年頃から新しい取り組みとして，イベント船や貸切船の運航を始めた。イベント船とは，船内コンサー

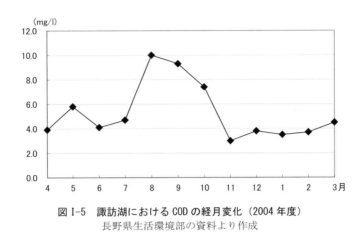
図 I-5 諏訪湖における COD の経月変化（2004 年度）
長野県生活環境部の資料より作成

トやパーティーなどを開催する遊覧船である。貸切船とは，昼間，一般客用の遊覧船として利用している船を，夜間，団体客の宴会や会議用として運航するものである。運賃や航路に関しては各業者が自由に営業できる。貸切船の需要があるのは夏期であり，運航開始以来，毎年一定数の利用がある。貸船組合としては，今後もイベント船や貸切船の操業を継続していく予定であり，新しい船内イベントの開発が課題である。

5. 釣舟業者の観光戦略とその背景

従来からの諏訪湖の冬の風物詩といえるものに，氷上から氷に穴を開けて釣り糸を垂らす，ワカサギの穴釣りがある。毎年，ワカサギ釣が解禁となる9月から2月にかけて，約3万人の釣客が訪れた。諏訪湖畔の釣舟業者は，2000年時点において，岡谷市に2社，諏訪市に5社，下諏訪町に1社の計8社あり，諏訪湖釣舟組合（以下，釣舟組合と略記）を組織している。諏訪市の5社には，前述の貸船組合の3社も含まれており，夏季に貸船業，冬季に釣舟業を営んでいた。それは，全面結氷によって，冬季に貸船業を営業できないからであった。
しかし，1980年代後半頃から，諏訪湖上におけるワカサギの穴釣りが不可

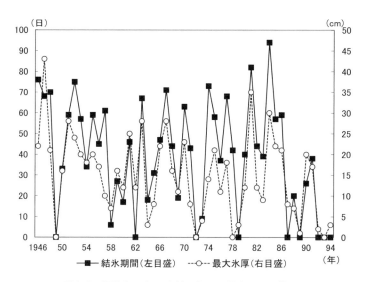

図 I-6　諏訪湖における結氷期間と最大氷厚の推移
長野県生活環境部の資料より作成

能となっている。その原因は，諏訪湖が全面結氷しなかったり，あるいは全面結氷しても，氷厚が穴釣りの可能な厚さに満たないからである。

　図 I-6 は，毎年の結氷期間[2]と最大氷厚をグラフ化したものである。ほぼ3〜4年周期で，結氷期間が長く，最大氷厚も厚い年がみられ，年変動は大きい。しかし，概ね1960年前後で極小値，1980年代前半で極大値を示しているといえる。そして1980年代後半以降，急落傾向にあり，1992年からは，全面結氷日が1日もない「明海(あきうみ)」の年が続いている[3]。結氷と気象条件との関連については，日最低気温や平均気温との相関が指摘されている(たとえば，諏訪教育会，1983；三上・石黒，1998)。全面結氷するには，気温が数日間にわたって－5.0℃以下まで冷え込む必要があり，全面結氷日の最低気温の平滑平年値は－6.7℃である。したがって近年の暖冬傾向が全面結氷しなくなった最大の要因であろうが，1992年以降も上述の条件を満たす日がないわけではない。全面結氷は，風速など他の気象条件をはじめ諸種の要因が作用して生じるものであり，水質汚濁も全面結氷の発生に悪影響を与えていると考えられている。明海が続いて

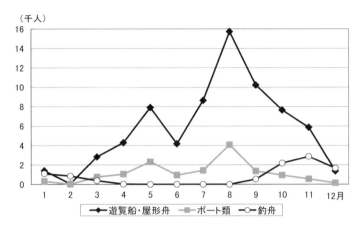

図 I-7　諏訪市における月別観光船乗船者数（2004年）
「諏訪市観光動態要覧」より作成

いることで，諏訪湖の冬の風物詩である御神渡り現象や，氷に穴を開け，そこに釣り糸を垂らすワカサギの穴釣りが，近年みられなくなりつつある。

　穴釣りが可能であった当時，釣舟業者は，釣客に対する道具の貸出しや遊漁承認証の販売を主な業務としていた。穴釣りが不可能となって以降は，釣舟の貸出しが主業務となった。岡谷市のある業者は，1969年の創業当時，モーターボート1隻と手こぎボート1隻しか所有していなかった。しかし2000年時点では，2人乗りの手こぎボート50隻，4～8人乗りの船外機付の船50隻，20～50人乗りのドーム船7隻を所有している。また，諏訪市で貸船業と釣舟業を兼業する業者は，冬季に釣舟業を営むかたわら，遊覧船も運航するようになった。それは，全面結氷しないため冬季にも運航できるからであり，夏季の客数減少を補う手段となっている。

　従来，釣客はワカサギの漁期である9～2月を通して諏訪湖を訪れており，全面結氷日が続く12月以降が客数のピークであった。しかし，近年では10,11月をピークに12月以降客数は減少している（図I-7）。その理由は，穴釣りから通常の釣りへの移行に伴い，釣客が最寒の12～2月を回避するようになったからである。

氷上からの穴釣りが船上からの通常の釣りへ移行したことは，客数の急激な減少を招いたわけではなかったが，釣舟業者にとって，諏訪湖が全面結氷しないということは，釣り場としての諏訪湖が有する従来からの独自性が失われることであり，最寒期に穴釣りを嗜好する熱心な釣り愛好家の諏訪湖離れが懸念された。また，船上からの通常の釣りが主流にならざるを得ない以上，穴釣りにこだわらない一般釣客を確保することも，諏訪湖の釣舟業者にとって重要な課題となった。

　そこで，氷上からの穴釣りの代替として，岡谷市の釣舟業者によって考案されたのがドーム船である（写真 I-1, I-2）。ドーム船は船底がいかだのようになっていて，等間隔に穴が開けられている。釣客はその穴から穴釣り用の手ざおを用いてワカサギを釣ることができる。また，ドーム船はビニールハウス状の構造のため，雨や雪の日も釣客は濡れることなく，また温室効果によって寒さを緩和することもできる。ドーム船は，熱心な釣り愛好家だけでなく，一般観光客にも気軽で快適に釣りを楽しめる設備が整っている。

　客数の経年推移（図 I-3）をみても，穴釣りが不可能になった影響で特に大きく減少したわけではなく，むしろドーム船の導入直後の 1990 年代前半は若干増加傾向にあった。近年においてもある程度の客数を維持している。現在，冬の諏訪湖を訪れると，湖上にビニールハウスのようなドーム船が浮かんでいるのがみられる（和船と呼ばれる屋形船風のものもある）。釣舟業者はこのドーム船によって，「諏訪湖といえば穴釣り」という定着したイメージの維持を図ると同時に，一般観光客にも受け入れられる新たな独自性を創出している。

6. おわりに

　本章は，諏訪湖を事例に，貸船業や釣舟業といった湖上の空間を利用する観光形態に着目して，湖という自然環境の変化に対して，観光業者がどのような方策で対応したかを解明した。

　諏訪湖では 1960 年代以降，富栄養化が進展し，アオコの異常発生に象徴されるような水質汚濁が顕著となった。従来から，諏訪湖を中心とした美しい自

写真 I-1　ドーム船の外観
(2000年6月，著者撮影)

写真 I-2　ドーム船の内部
(2000年6月，著者撮影)

然環境を有し，わが国における精密機械工業の中心地であった諏訪地域は，「東洋のスイス」と謳われた。しかし近年ではそのイメージは失われ，湖そのものを観光資源の中心に据えていたのでは，近年減少を続ける観光客数を増加に転じさせることは望めなくなっていた。そこで貸船業者は，単に諏訪湖を一周す

るだけの遊覧船に代わって，新たにイベント船や貸切船を運航し，諏訪湖観光に新たな魅力を付加する試みを近年盛んに行っている。

しかし，湖そのものを観光資源として見せていた従来の遊覧船と異なり，イベント船や貸切船で行われるパーティーやコンサート，宴会，会議などというのは，通常陸上で行うことを湖上の船内へ持ちこんだだけのものであり，湖という自然環境とは直接的には関連がない。つまり，貸船業者にとっての諏訪湖は，直接的な観光の対象という位置づけから，まったく別の行動のための単なる場所という位置づけに変化したのである。

一方，アオコの異常発生と水質汚濁に加えて，諏訪湖の観光業者にとって重要な環境変化が，冬季に諏訪湖が全面結氷しなくなり，ワカサギの穴釣りが不可能となったことである。それに対して釣舟業者は，穴釣りを人工的に模したドーム船を新たに考案し，客数の確保に努めてきた。その結果，穴釣りが不可能となった近年においても，ピークの時期こそ変化したものの，比較的安定した客数を保っている。釣舟組合は今後，ドーム船を一層普及させていく予定であり，それによって釣り場としての諏訪湖が持つ従来の自然環境に依拠した場の独自性の維持と，自ら考案した新しい独自性の創出を図っている。

自然環境を生業に利用している人々の環境変化への反応は，環境保全運動という形で展開される場合が多い（たとえば淺野，1997）。行政や農漁業者，観光業者などが，地域の自然環境を保全し改善する取り組みを続けることは，言うまでもなく重要なことである。実際，諏訪湖に関しても，浄化に取り組む住民団体が組織され，また観光協会や旅館組合主催による諏訪湖の一斉清掃が定期的に実施されている。しかし，変化してしまった自然環境を修復することは容易でなく，短期間で速やかに実現できることではない。したがって諏訪湖の観光業者らも，これまで「美しい」諏訪湖を商品として生業を営んできたとはいえ，諏訪湖を従来のような湖に戻すための活動だけに傾倒しているわけにはいかない。彼らにとって何よりも最優先すべき事柄は，将来における諏訪湖の自然環境の修復ではなく，現在における自らの生業の維持である。そのため彼らは，変化してしまった自然環境に対して，それに代わるコンサートやパーティーといった自然環境とは無関係な別のものや，ドーム船のように自然環境

との関わりを模した人工的なものを考案し，湖上観光としての貸船や釣舟に導入することで，観光地としての性格も変化させたのである。

諏訪湖観光にみられるこのような変化は，端的にいえば，観光行動の自然環境との乖離や人工的なものによる自然環境との関係の模倣，すなわち「観光地の都市化」の一側面であると解釈できる。観光地の都市化といえば一般的には，宿泊施設や観光施設の開発，交通網の発達，そしてその影響としての自然環境の悪化などとして表される。本章の「1. はじめに」で引用した文献のいくつかも，こうした意味での観光地の変化（都市化）を扱ったものである。

しかし一方で「都市化」は，このようなハード面にみられる地域の変化だけでなく，人間の行動様式の変化としても表される。これはハードな面での都市化に対してソフトな面での都市化といえよう。具体的には，川や井戸から水を得て手作業で炊事・洗濯していた時代から，上水道から水を得て電化製品を利用する時代への変化，あるいは里山から集めてきた薪を燃やして暖をとっていた時代から石油や電気のストーブを使用する時代への変化である。これらに共通しているのは，自然環境と直接関わる行動様式が消滅し，人工的に作られたもので代替されるようになったということである。本章が明らかにした諏訪湖の環境変化に対する観光業者の対応も，まさに，従来の観光資源であった自然環境が，それとは無関係なものや人工的に模したものに取って代わられたという意味で，ソフトな面での「観光地の都市化」の表れである。自然環境の修復という時間のかかる手段と並行して，自らの生業を維持するための即効性ある手段として諏訪湖の観光業者は，「都市化」を選んだのである。

[注]
1) COD（Chemical Oxygen Demand：化学的酸素要求量）は，海域と湖沼の環境基準に用いられる水質指標である。水質が悪いほどCOD値は高くなる。
2) 結氷期間とは，全面結氷日（1日24時間全面結氷していた日）から解氷日（結氷した氷がまったくなくなった日）までの期間である。
3) データは1994年までしかないが，長野地方気象台や諏訪市博物館などでの聞取り調査によると，1995年以降現在に至るまで，諏訪湖が全面結氷する日は従前と比べて少なくなっている。

[参考文献]

愛甲哲也・小池友里子・松島　肇 2005．自然公園水域におけるプレジャーボート利用の影響と利用調整の課題について．環境情報科学論文集 19：25-30．

淺野敏久 1997．環境保全運動の展開過程における地域性－中海・宍道湖の干拓・淡水化反対運動を事例として－．地理科学 52：1-22．

荒木一視 1995．千歳市支笏湖における地元観光業とマリンレジャー客の空間共有．旭川大学紀要 40：123-136．

沖野外輝夫 1989．諏訪湖の汚染とその経過．公害 24：389-397．

沖野外輝夫 1995．諏訪湖における湖の利用と保全．第 6 回世界湖沼会議霞ヶ浦 '95 論文集：17-20．

沖野外輝夫・花里孝幸 1997．諏訪湖定期調査：20 年間の結果．信州大学理学部付属諏訪臨湖実験所報告 10：7-249．

佐々木一敏・小澤秀明・川村　實・掛川英男・清水重徳 1997．諏訪湖底質中における有機塩素化合物の動態．用水と廃水 39：136-140．

佐々木　博 1988．観光地山中湖村の地域形成．筑波大学地域研究 6：95-134．

佐藤大祐 2003．霞ヶ浦地域におけるプレジャーボート活動の展開と行動水域．地学雑誌 112：95-113．

諏訪教育会 1982．『諏訪の自然誌　陸水編』諏訪教育会．

諏訪教育会 1983．『諏訪の自然誌　気象編』諏訪教育会．

諏訪湖浄化対策研究委員会編 1968．『諏訪湖浄化に関する研究－湖沼汚濁への挑戦－』諏訪湖浄化対策研究委員会．

松田隆典・金坂清則・小林健太郎・秋山元秀 1996．湖西・志賀町におけるレクリエーション施設の立地と地域環境．滋賀大学教育学部紀要人文科学・社会科学 46：185-201．

三上岳彦・石黒直子 1998．諏訪湖結氷記録からみた過去 550 年間の気候変動．気象研究ノート 191：73-83．

山下亜紀郎 2001．諏訪湖畔における観光資源の多様性と地域間提携．地域調査報告 23：135-145．

山村順次 1989．富士山北東麓山中湖村における観光地域の形成と機能．千葉大学教育学部研究紀要 57：217-245．

山本清龍 2002．山中湖にみる保養地及び観光地としての史的展開と空間構造について．ランドスケープ研究 65：773-778．

II章　豪雨に伴う土砂災害と防災

1. はじめに

　昨今, 日本各地で豪雨や地震による土砂災害が相次いで報告されている（三森, 2009）。特に豪雨災害に関しては近年, ゲリラ豪雨と呼称されるような突発的かつ局地的なものが原因となっており, 行政による防災施策はもちろんのこと, 地域社会や世帯・個人単位でも平常時から災害への備えをしておくことは重要である。

　土砂災害に関する従来の研究としてはまず, 地形学, 地質学あるいは土木工学的見地から, その発生要因について論じた多くの蓄積がある。一例を挙げると, 北澤（1986）は, 本章の対象地域である長野県岡谷市を含む天竜川上流域について, 過去に発生した斜面崩壊の特徴とそれらの要因を, 地形, 地質, 気象的観点から論じ, さらにダムの機能や土地利用などの社会経済的要因にも言及している。桑原（2008）は, 地震時および豪雨時の地盤災害について, 全国各地の事例を挙げながら, それらの発生要因や対策について幅広く解説している。多田（2009）は, 近年の事例として 2004 年三重県宮川村で発生した土砂災害について, 災害発生前後の降水量や地下水流, 崩壊斜面の状況を調査している。

　他方, 土砂災害が発生した際に被災住民はどのような避難行動を取ったのか, あるいは行政による対応も含めどのような対策をすべきなのかについて分析, 考察した研究もある。廣井（1999）は社会心理学的立場から, 土砂災害では前兆現象をいかにして発見し, これを住民の避難に結びつけるかが重要であると

し，そのためには住民への日常的な啓発活動，前兆現象発見時の通報体制の整備，避難勧告や避難指示の伝達手段の確立が必要であると述べている。近藤ほか（2006）は，三重県宮川村で2004年9月豪雨の被害が甚大であった12集落を対象に，聞取りおよびアンケート調査を実施した。その結果，早期避難の重要性が確認され，特に山間地域では避難路・避難地の確保や災害情報の伝達手段の充実が重要であると述べている。

　上記の研究がともに結論として触れているのは，行政から住民へといかに迅速かつ正確に災害情報を伝達するかの重要性である。これに関しては牛山（2008）が専門的見地から多くの示唆を与えているが，その中で情報伝達はその技術開発のみによって向上するのではないことが述べられており，情報の利用者としての地域社会や住民個々人が，平常時から高い防災意識を持つことが重要である。

　このような地域社会や世帯・個人による防災も含めた，総合的な地域の防災力を考察する際の指標として，「公助」「共助」「自助」という用語が近年よく使われるようになっている。これらは防災だけでなく防犯や福祉といった住民の安心・安全に関する行政分野において広く使われている用語であり，公助とは行政など公的部門による対策・支援のこと，共助とは地域社会における助け合いのこと，自助とは個人や世帯レベルで自分の身は自分で守るということを意味する用語である。これらの用語はまた，個々の世帯・住民（自助レベル）の集合体としての地域社会（共助レベル），および複数の地域社会の集合体としての市町村（公助レベル）というように，それぞれ異なる社会的・地理的な規模による階層性を持った概念であり，これらが有機的に連携し，相互補完関係を構築しているかどうかが，総合的な地域の防災力を測る重要な指標であるといえる。この用語を明確に意識しながら地域防災について論考したものとしては，永村・ジスモンディ（2009）などがあるが，まだ研究事例は少ないといえる。

　そこで本章では，2006年の豪雨とそれに伴う土石流によって深刻な被害を受けた長野県岡谷市を対象に（図Ⅱ-1），主に土砂災害に対する防災に焦点を当て，公助・共助・自助の3側面からみた総合的な地域防災力について分析，

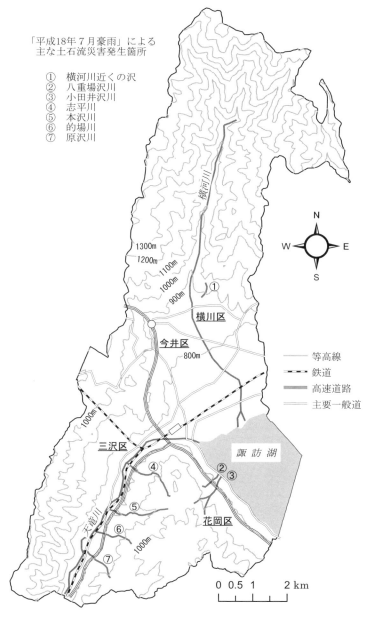

図Ⅱ-1　岡谷市の概要と主な土石流災害発生箇所（2006年）
株式会社パスコ発行「PFM25000」，国土地理院発行「数値地図50mメッシュ標高」および岡谷市危機管理室の資料より作成

考察することを目的とする。

　研究方法としては，公助については岡谷市総務部危機管理室にて聞取り調査および資料収集を行った。共助については岡谷市の地域社会組織としての行政区から4つを事例として取り上げ，各区長に対する聞取り調査を実施した。自助については事例とした行政区内の各100戸，計400戸に対して防災に関するアンケート調査票を配布し回答を得た。

2．「平成18年7月豪雨」の被害

　気象庁により「平成18年7月豪雨」と命名された2006年の豪雨災害は，梅雨前線の停滞によって，長野県全域をはじめとする九州から山陰・近畿・北陸地方にかけての西日本各地で多くの被害をもたらした。特に長野県内では7月17日から19日にかけて断続的に強い雨が降り，中部から南部にかけての地域を中心に各地で記録的な降雨量となった。たとえば松本，伊那などのアメダス観測所では，7月15～19日の5日間で月平年値の2倍以上の降雨量を記録した。木曽平沢，伊那，辰野では，7月18日の日降雨量が観測史上の極値を更新した（長野県危機管理局・危機管理防災課編，2007）。また，この豪雨は長野県全域で，土石流57件，地すべり24件，がけ崩れ40件といった多くの土砂災害を発生させた（長野県土木部砂防課，2007）。この豪雨および土砂災害によって，長野県全体で死者12名，重軽傷者18名，全壊家屋22棟，半壊家屋34棟，床上浸水780棟，床下浸水1,875棟の被害が出た。なかでも被害が大きかったのは，諏訪市，岡谷市，辰野町といった諏訪湖岸および天竜川上流の谷あいの地域であった（表Ⅱ-1）。

　本章の研究対象地域である岡谷市では，図Ⅱ-1に示す7カ所において，主な人的被害や建物被害をもたらす土石流が発生した。それらは，市北部の横河川支流で発生し，老人ホームの駐車場や小学校の体育館へも侵入した土石流を除けば，いずれも市南部の諏訪湖または天竜川へと流入する河川に集中している。なかでももっとも大きな被害をもたらしたのは，諏訪湖へ注ぐ小田井沢川の土石流であり，死者7名，全壊家屋12棟など深刻なものであった。また，

表Ⅱ-1 「平成18年7月豪雨」による被害状況の概要

	人的被害（人）		建物の被害（棟）			
	死者	重軽傷者	全壊	半壊	床上浸水	床下浸水
長野県全体	12	18	22	34	780	1,875
岡谷市	8	12	10	17	68	203
諏訪市	0	0	0	10	493	891
辰野町	4	3	5	3	16	196

『平成18年 長野県の災害と気象』より作成

天竜川へ流れる志平川の土石流によっても1名が亡くなった。その他の土石流においても，谷あいや山麓の傾斜地に近接して集落が立地していることもあり，家屋の損壊や床上・床下浸水などの被害を記録した[1]。

これらの被害を受け，長野県は災害関連緊急事業として，再発防止のための砂防事業，地すべり対策事業，急傾斜地崩壊対策事業を実施した。岡谷市内では土石流発生箇所を中心に，堰堤の整備などが行われた。この総事業費は，長野県全体35件で73億3,700万円，そのうち岡谷市での事業は12件で36億900万円であった（長野県土木部砂防課，2007）。

3．公助：岡谷市の防災施策

岡谷市が近年行ってきた主な防災施策を表Ⅱ-2にまとめた。これらは大きく，市民への防災意識の啓発・普及に関するものと，緊急時の情報収集と伝達に関するものに分けることができる。

市民への防災意識の啓発・普及に関する施策としては，1998年の防災ガイドの発行と2007年の防災マップの全戸配布が挙げられる[2]。

1998年発行の防災ガイドは全28頁からなる冊子である。冒頭の6頁までで，岡谷市の地形や地質の特色および起こりうる災害の特性とその防災対策について解説している。そして7頁以降では，岡谷市を5つの地区に区分し，各地区の防災マップとして都市計画図と空中写真の両方が掲載され，それぞれに水害危険区域，急傾斜地崩壊危険箇所，土石流危険渓流，液状化危険区域および，

表Ⅱ-2　岡谷市における近年の主な防災施策

施　策
（防災意識の啓発・普及に関する施策）
1998 年　　防災ガイドの発行
2007 年　　防災マップの全戸配布
（緊急時の情報収集と伝達に関する施策）
1991 年　　屋外防災スピーカーの設置
2003 年　　「メール配信＠おかや」の開始
2006 年　　市役所内に危機管理室を設置
2007 年　　防災ラジオの有償頒布
雨量観測所の設置

聞取り調査より作成

避難施設・避難場所，防火水槽，消防ポンプの位置等が記載されている。これによって，市民に対して地区別に起こりうる災害の特徴や危険箇所の周知徹底を図っている。

　防災マップは，防災ガイドの簡易版ともいえるもので，岡谷市内全戸に配布された。A4 判 4 頁（A3 判両面印刷）であり，中面が見開きの防災マップになっており，岡谷市全体の土石流危険渓流，急傾斜地崩壊危険箇所，地すべり危険箇所，浸水想定区域および，避難施設の位置が記載されている。他には，土砂災害の前兆現象についての解説，避難基準となる雨量，避難施設の施設名と電話番号の一覧などが掲載されている。

　次に，緊急時の情報収集と伝達に関する施策としては，屋外防災スピーカーの設置，「メール配信＠おかや」の開始，防災ラジオの頒布，雨量観測所の設置などが挙げられる。

　屋外防災スピーカーは，まず 1991 年 3 月に市内 32 カ所に設置された。半径 200〜250m 程度の範囲に放送が届く想定であったが，聞こえない地域が存在していたため随時予算に応じて増設し，現在は 44 基が設置されている。

　2003 年に開始された「メール配信＠おかや」は，大雨時における警告や避難勧告等の防災情報を，利用登録した市民の携帯電話やパソコンへメールで配信するサービスである。2006 年の豪雨災害を機に利用者が増加し，2007 年 9 月時点で約 2,500 人（総人口の約 4.6％）が登録している。

2007年6月からは，防災ラジオを市民に1個1,000円で有償頒布している。有償といってもラジオの原価は5,100円なので，差額の4,100円を市が負担していることになる[3]。開始から3カ月で約11,000台が配布され，これは岡谷市の世帯総数の約半分にあたるが，災害は夜間・昼間を問わず起こりうるので，住居だけでなく事業所等にも配布されている。ラジオには通常のAM・FM放送のほかに防災情報専用チャンネルがあり，AM・FM放送受信時であっても防災情報が発信されると強制的にそれを受信するようになっている。ただし電源は常時ONにしておく必要がある。またこのラジオにはライトも付いており，停電時の懐中電灯としても使用できる。市としては，この防災ラジオの導入により，1基あたり400～500万円の費用を要する屋外防災スピーカーの増設は今後行わない方針である。

集中豪雨等の緊急時における情報収集手段として，2007年には市内8カ所に雨量観測所が設置された。雨量が10分で6mm，1時間で20mm，3時間で60mm，24時間で120mmのいずれかを超えると，数分後には市役所の危機管理室，土木課，情報推進課，消防署など関係部署の職員約30名の携帯電話にメールが自動配信されるようになっている。それを受けて市職員と行政区（自主防災会）役員が連絡を取り現地確認に行き，速やかに避難勧告の是非を決定する手順となっている。2007年6月に市内長地地区で局地的な大雨があった際に，これが活かされ重点的に迅速な対応をすることができた実績もある。

その他の防災施策としては，市が主催の防災訓練を3年に一度9月1日に実施している。岡谷市では行政区単位で毎年一度防災訓練が行われているが，3年に一度はいずれかの区を会場として全市的に大々的に実施される。内容は避難訓練，初期消火訓練，炊き出し訓練，応急処置訓練などである。さらに毎年1月には，土嚢作り体験等の防災講習会も実施している。また，行政区が防災資機材を購入する際には，その費用の3分の2を市が補助している。

4. 共助：自主防災会の取り組み

岡谷市には21の行政区があるが，そのすべての行政区に自主防災会が存

在し，行政区の区長が自主防災会の会長も兼務している。もっとも古いのは1990年設立の小坂地区自主防災会であり，もっとも新しいのは2003年設立の花岡区自主防災会である。岡谷市としても総合計画や地域防災計画において，自主防災組織の強化を施策として掲げており，その担うべき主な業務として，災害時の対応に加え，平常時における防災訓練の実施，防災パトロールの実施，防災資機材の備蓄，そしてそれらを通じた防災意識の普及・啓発などが挙げられている。しかしながら自主防災会の規模は行政区によって異なり，活動の熱心さも行政区自体の活動の熱心さに比例して様々である。

　ここでは，21の自主防災会（行政区）の中から，地理的位置や2006年豪雨時の被災状況等からみて対照的な4区を事例として取り上げ，その活動実態について比較する。事例としたのは，天竜川右岸上流の谷あいに位置し，従来から防災に対する自治意識の強い三沢区（人口3,925：2010年3月末現在，以下同），諏訪湖岸に位置し，2006年の豪雨によって最も大きな被害を出した花岡区（人口1,495），岡谷市北部の山麓に位置し，老人ホームや小学校が土石流に見舞われた横川区（人口2,605），同じく市北部の山麓に位置するが被害のなかった今井区（人口5,302）の4区である（図Ⅱ-1）。

4.1　2006年豪雨時の対応

　三沢区では災害の前日，区内の一の沢上流に土砂による堰止湖ができているのが発見され，区長がすぐに現場確認に行った。その結果，迅速な対応が必要と判断し，市の災害対策本部の決定を待たず，区長判断で一の沢周辺の60戸に避難勧告を出した。区長による避難勧告は当時としてはきわめて異例であった。避難住民は4日間の避難生活を強いられたが，結局堰止湖は決壊せず人的被害は出なかった。後に行政区が土建業者に依頼し，その土砂ダムは撤去された。

　花岡区はもっとも被害の深刻だった地域であり，区長が災害復旧の陣頭指揮を執った。市の災害対策本部と逐一連絡を取り合っていたのでは対応が遅れるということで，区長自身が現場で即断即決することが多かった。一例を挙げると，被災地域への住民の一時帰宅が許可されたとき，区内他地域の住民による

ボランティアも，被災住民の一時帰宅に同行し復旧作業を手伝うようにした。社会福祉協議会の職員が被災全戸と面談し，必要なボランティアの人数を把握した。9日間の避難生活で延べ520人がボランティアとして復旧を支援した。避難勧告が解かれていない状況で被災住民以外が被災地に入るのは，行政上は本来許可されない行為であるが，区長判断で必要人数のボランティアを確保し派遣することは，迅速な復旧作業を行う上で必要なことであった。

横川区では上の原小学校付近の沢で土石流が発生した。住民約200人が区の公会所に避難した。避難解除は，市による判断に先んじて，区長と消防分団長が現地視察した上で判断した。

今井区では，区の防災対策本部が公会所に設置され，区内のパトロールを行った。山が数カ所崩れていたが，人的被害はなく，住民が避難することもなかった。

4.2 平常時における防災活動

防災訓練は，三沢区，横川区，今井区では毎年9月1日前後に全市一斉で行われるものに日程を合わせて実施されている。内容はいずれも避難訓練が主であり，三沢区では他に放水訓練，消火訓練，土嚢作りなどを行っている。横川区では消火栓の使用訓練や行政区の防災委員による講話も行われている。今井区では2006年の豪雨災害前までは，義務感から形式的に行っているだけという感が否めず，対象とする災害も土砂災害ではなく地震に対する避難訓練であった。しかし最近は土砂災害を想定した避難訓練も実施しており，災害直後は防災訓練に対する市民の意識が高まり参加者も大幅に増えた。しかしその翌年には再び参加者は減ってしまった。

花岡区では2006年に実害に見舞われた経験から，近年は独自に梅雨の末期（7月中旬）に防災訓練を行っている。それは豪雨に対する防災にとって，雨の季節に訓練をやることに意味があるという考えからであり，全市一斉の日程と時期をずらすことで市の防災無線を特別に使用させてもらうためでもある。避難訓練の内容もより具体的かつ実践的であり，参加者は皆，防災グッズの入ったリュックサックを背負い，まず隣組単位[4]で1次避難所に集まってから集団で区内に2カ所ある広域避難場所へ移動する。また花岡区では，各町内会単位[5]

でも年に1回，防災資機材や消火栓の使用訓練が実施されている。

　行政区として定期的な防災パトロールを行っているのは，三沢区と今井区である。三沢区では1カ月に6回，区のパトロールカーが巡回しているが，防犯パトロールとしての性格が強く，防災面では河川の水位を確認する程度である。横川区では年に2, 3回程度，区内の道路や河川の点検をし，市に補修等の要望をしている。それ以外に大雨時には必ず河川の点検パトロールを行っているが，これは市の大雨情報に基づくわけではなく，行政区の自主的な判断によるものである。一方，花岡区と横川区では，定期的な防災パトロールは行われていない。

　防災資機材については，横川区，今井区では区の公会所の倉庫に保管されている。今井区では2000年以来資機材の買い足しをしていない。2006年の豪雨災害以降も，実際の被害に遭わなかったこともあり備蓄は進んでいない。

　三沢区は防災倉庫を3つ保有しており，資機材の備蓄も進んでいる。ポンプ，発電機，米，乾パン，担架，毛布などを保有しており，将来的にはもっと増やしたい意向を持っている。

　花岡区では，2006年の被災以前はスコップや担架などわずかな備えしかなかったが，被災以降に拡充した。従来は区民センターに一括して保管していたが，現在は各町内会の公民館に倉庫を設置し，資機材の分散保管を行っている。その理由は，実際に災害が起こった際には道路の浸水等で，区民センター1カ所から区内全域へ資機材を運べるとは限らないからである。また，被災経験に基づくユニークな取り組みとしては，怪我人等を運ぶための担架の代わりにおんぶ帯（怪我人を背負うための帯）を保有している。担架で人を運ぶには人間2人が両手を使う必要があるが，おんぶ帯ならば人間1人で運べて，しかも両手も空くのでより効率的という理由からである。また花岡区では，各世帯での防災グッズの常備も推進しており，毎年9月1日の防災の日には世帯単位でグッズの確認をし，防災意識を高めてもらうようにしている。

　その他の取り組みとしては，三沢区では，1997年の自主防災会設立以来，防災に関する勉強会を定期的に開催しており，区独自の防災マップも作成している（三沢区土木委員会，1998）。また，年に5, 6回，行政区が主催して，岡

谷市や長野県の防災担当者を講師に招いた出前講座を開催しており，平均40〜50人が参加している。花岡区では2006年の豪雨災害以降，山の森林整備の一環として毎年植樹祭を開催している。また，隣組の再構築を強く推進し，高齢者や障害者といった要援護者支援も隣組単位で行うようにしている。なお同様な要援護者支援については，他の3区でもある程度の体制が整えられている。

以上のことから，いずれの区でも形式的には，共助としての防災体制が構築されているといえるが，活動のユニークさや熱心さには区によって差異がみられる。従来から自治意識の高かった三沢区では，防災に関する独自の取り組みを行い，災害発生時にも迅速に独自の対応をしている。2006年に土砂災害に見舞われた花岡区では，その経験を活かし，それ以来非常に熱心で工夫を凝らした取り組みが行われている。これらの積極的な取り組みが他の区にも波及していくことが望まれる。

5．自助：住民の防災意識

次に，前節で事例とした4区の住民へのアンケート調査から，自助としての世帯・個人レベルでの防災への取り組みや意識を把握した。各区にそれぞれ100通配布し，三沢区からは42通，花岡区からは47通，横川区からは22通，今井区からは42通の有効回答を得た。

まず，防災への取り組みとして行政施策の浸透度や利用度に関して調査した。市から全戸配布されている防災マップについては（図Ⅱ-2），いずれの区でも「配られた当時は見たが，それ以来見ていない」という回答がもっとも多く，住民に十分に活用されているとはいえない。それは特に2006年の豪雨被害のなかった今井区で顕著である。三沢区でも50％以上を占めるが，三沢区では市から全戸配布されている防災マップとは別に，区が独自に防災マップを作成している。一方，豪雨被害に見舞われた横川区や花岡区では，防災マップが比較的活用されているようである。

防災ラジオについては（図Ⅱ-3）住民に非常によく浸透しており，回答者の約4分の3がすでに購入している。なかでも花岡区では購入者が約85％と

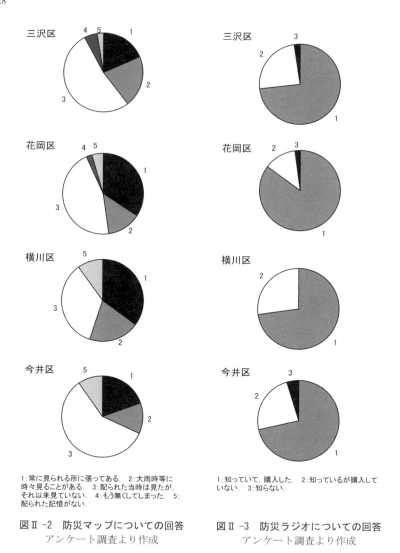

1:常に見られる所に張ってある． 2:大雨時等に時々見ることがある． 3:配られた当時は見たが，それ以来見ていない． 4:もう無くしてしまった． 5:配られた記憶がない．

図Ⅱ-2 防災マップについての回答
アンケート調査より作成

1:知っていて，購入した． 2:知っているが購入していない． 3:知らない．

図Ⅱ-3 防災ラジオについての回答
アンケート調査より作成

高い割合を占める．未購入の住民も防災ラジオのことは知っており，存在自体を知らない人はほとんどいない．しかしながら，電源を常にONにしておかないと緊急の防災情報も受信できないことは，6割強の住民にしか認知されてお

らず，ラジオの使い方については，さらなる普及・指導が必要である。

「メール配信@おかや」は，防災ラジオに比べると住民への浸透度は低い（図Ⅱ-4）。「知っていて利用している」住民は，三沢区で12％，横川区で14％，今井区で14％にとどまる。もっとも利用割合の高い花岡区でも30％である。4区ともに「知っているが利用していない」住民の割合が高く，緊急情報を配信する仕組みとしては非常に便利で効率的であったとしても，そもそもパソコンや携帯電話を日常的に利用していない住民にとっては，効果的なサービスとはいえない。

次に，災害への備えや防災意識について調査した。自宅に防災グッズを常備している世帯の割合は，三沢区でもっとも高く60％を占めた。次に高いのは花岡区の49％であるが，行政区として防災グッズの常備を推進している割には，決して高いとはいえない。北部山麓の横川区，今井区は，ともに45％と相対的に割合が低い。

災害時の緊急避難場所がどこなのか把握している住民の割合は，三沢区が100％，花岡区が94％，横川区が95％と非常に高く，今井区も86％を占める。防災マップの浸透度は決して高くないものの，それ以外に岡谷市では，家庭ごみ収集ステーションに「この地域の一時避難場所は○○です」と書かれた看板を設置しており，住民は日常のごみ出しの際に，自ずと避難場所の確認をしていることになる（写真Ⅱ-1）。また，三沢区では区が独自に防災に

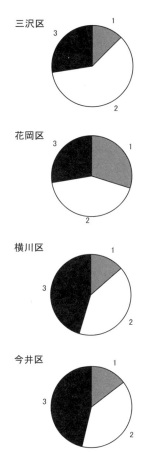

1：知っていて，利用している． 2：知っているが利用していない． 3：知らない．

図Ⅱ-4 「メール配信@おかや」についての回答
アンケート調査より作成

写真Ⅱ-1　ごみ収集ステーションに掲示してある避難場所情報
（2007年9月，著者撮影）

関する勉強会や防災マップの作成を行っている。住民はこのような，市から配布された防災マップ以外の手段でも避難場所の情報を得ているものと考えられる。

　自宅の近隣で災害危険箇所がどこなのか把握している住民の割合は，三沢区が81％，花岡区が85％，横川区が73％，今井区が67％である。避難場所の認知度に比べると低いが，多くの住民が災害危険箇所の位置を把握しているといえる。その中でも，2006年の豪雨被害に見舞われた花岡区がもっとも高く，被害のなかった今井区は相対的に低い。同様に，「2006年の災害以降，防災意識は高まったか」という問いに対して，「かなり高まった」と回答した住民の割合は，花岡区がもっとも高かった一方，「あまり変わらない」と回答した住民の割合は，今井区がもっとも高かった。

　最後に，4区の住民が公助・共助・自助のどれをもっとも重要視しているかを示したのが図Ⅱ-5である。いずれの区の住民も公助としての「行政による防災体制の強化」を重視している傾向が強い。一方で，自主防災会による取り組みの活発な三沢区や花岡区では，むしろ「自主防災会による防災体制の強化」の割合が低い。それに対して横川区や今井区の方が，共助としての自主防災会の取り組みをより重要視している。「隣組単位での災害への備え」については，

花岡区，横川区で重要度が高く，三沢区と今井区では低い。とくに花岡区は，行政区として隣組組織の強化に取り組んでおり，それが住民にもある程度浸透しているといえる。それに対して，自治意識の強い三沢区では，隣組組織よりもむしろ，自助としての「世帯単位での災害への備え」を最も重要視している住民が38％と高い割合を示すのも特徴的である。

6. 公助・共助・自助の相互関係

本章ではここまで，岡谷市の地域防災における公助・共助・自助について個別に詳述したが，本節ではこの3側面の相互にみられる関連性という観点から，総合的な地域防災力について考察する。

市が住民に全戸配布した防災マップは，配布された2007年当初は住民の防災意識向上に効果を発揮したが，時間が経つにつれて次第に活用されなくなっている。防災マップは，地形学や地質学等の科学的知見に基づき作成され，記載内容の信頼性が高いものであっても，その記載内容が多岐にわたるため煩雑であったり，あるいは専門的であったりすると，すべての住民がそれらを逐一理解し，日頃の防災活動に役立てるのは困難といえる。それに対して，ごみ収集ステーションに掲示されている避難場所の情報は大半の住民が知っている。このように必要最小限の情報のみを，住民が日常生活の中で半強制的に享受する手段の方が情

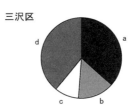
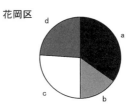
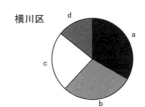
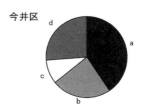

a：行政による防災体制の強化　b：自主防災会による防災体制の強化　c：隣組単位での災害への備え　d：世帯単位での災害への備え

図Ⅱ-5　防災においてもっとも重要視するものについての回答
アンケート調査より作成

報伝達方法として効果的であるといえる。実際に災害が発生した際にもっとも緊急に必要となる情報は，科学的にどこが危険なのかという情報ではなく，自分がどこに避難すればよいかという情報である。その点でこの方法は，防災マップが果たせない欠点を補っているといえる。

　一方，花岡区の事例では，区長が防災ガイドや防災マップなどから区内の災害危険度の高さを知っていたことがきっかけで，区として防災に対する取り組みを充実させる重要性を認識したという[6]。また，三沢区では従来から防災に関する勉強会を開催し，その成果として行政区が独自に防災マップを作成している。これは住民にとっては身近な地域の詳細な情報のみが記載されたものといえる。

　以上のことから，防災マップによって災害に対する科学的知識を提供し，住民の防災意識向上を図る手段としては，市（公助）から個々の住民（自助）への直接的で画一的な方法ではなく，行政区（共助）を介して行う方が効果的と考えられる。具体的には市はまず各行政区の区長を対象に，防災ガイドや防災マップを活用しながら，個々の行政区についての正確で詳細な防災情報を解説する場を設定し，区長の防災意識を啓発することに努めるべきである。それが達成された後に，各行政区の自主防災会の活動を支援しながら，個々の住民への防災意識向上を図っていけば良いといえる。その一例として，三沢区のような行政区単位での防災マップ作成を，市が費用面や作成方法の指導の面で支援することなどが考えられる。さらにその際には，自主防災会の役員だけでなく，できるだけ多くの住民自身も作成に関わることで，当事者感が生まれ防災意識向上にもつながると考えられる。

　次に，防災ラジオと防災情報のメール送信サービスであるが，ラジオは有償であるにもかかわらず，多くの住民に利用されている。しかしメール送信サービスは無償であるにもかかわらず，住民の利用度は低い。この要因として，ラジオは老若男女問わず誰でも簡便に利用できる機器であるが，メール送信サービスはそもそも，日常的にパソコンや携帯電話を使用している人でないと利用できないということが挙げられる。特に子どもや高齢者といったいわゆる災害弱者と呼ばれる人たちほど，このような機器に不慣れな傾向があろう。したがっ

て，このメール送信サービスが実際の災害発生時において，現状のままで防災・減災に大きな効果を発揮するとは考えにくい．このシステムは災害時の要援護者支援においては，支援される側ではなく，支援する側の住民に迅速かつ効率的に防災情報を発信する仕組みであるといえる．そのような観点から，行政区で行われている要援護者支援の取り組みに，このシステムを別の形で有効活用する方策を検討することも望まれる．

　2006年7月の豪雨災害時には，事例とした行政区はいずれも，独自の判断で意思決定し行動しており，行政との連携をあまり重要視していない．このような緊急時における行政区の対応には，文字通りの自治意識をみてとることができる．行政無視といえば聞こえは悪いが，実際の災害時には公助としての市だけでもって，市内全域に対して迅速かつ適切な対処をすることは不可能であり，個々の地域において共助および自助としての機能が十分に発揮されなければならない．言い換えるならば，緊急時において共助としての行政区や自助としての個々の住民が，独自の判断で効率的に災害対応を行う上で，公助としての市によって整備された防災インフラが最大限に活用されれば良いのである．

　一方で，防災訓練，防災パトロール，防災資機材の備蓄といった自主防災会の平常的活動に関しては，行政区によって取り組みの熱心さに明らかな差異がみられる．自治意識の強い区や災害を経験した区は，より実践的かつユニークな防災活動を活発に行っているが，そうでない区では活動の規模が小さかったり，活動自体が形式的なものに止まっていたりする傾向がある．しかしながら災害は，そのような防災意識の地域的温度差とは無関係にどこでも起こりうるものであり，すべての行政区が高い防災意識を持つことが理想である．その実現に向けて期待されるのが，自主防災会同士の横の連携を図るために2008年に発足した岡谷市自主防災組織連絡協議会である．この協議会が中心的役割を果たし，防災意識の高い行政区の先進的取り組みを，他の行政区へと波及させていくことが重要である．

　自助としての個々の住民における防災意識の高さや考え方にも，行政区によって差異がみられる．防災意識は概ね，自治意識の強い区や災害を経験した区の住民では高く，そうでない区の住民は低く，自主防災会としての取り組み

の熱心さにみられる差異と同様である。防災の考え方については，公助としての行政による防災体制の強化を重要視していることはいずれの区の住民にも共通しているが，加えて各行政区においてそれぞれ対応が不十分とみられる項目を，重要度が高いとして挙げている傾向がみられる。具体的には，今井区と横川区における自主防災会の強化や，現在行政区として強化に取り組んでいる花岡区の隣組組織である。そして従来から隣組組織や自主防災会の自治意識が強いとされる三沢区では，自助としての世帯単位の備えを重要視している。

　これらのことから，住民は公助・共助・自助として図Ⅱ-5で選択肢として挙げた4つがともに充実していることを理想としながら，まずは公助，次が自主防災会による共助，そして隣組による共助，最後に世帯単位での自助と，地理的，社会的規模の大きい順に防災体制の強化が進んでいくことを想定していると読み取れる。つまり，今井区や横川区では自主防災会の強化が重要視され，被災後に自主防災会の取り組みが活発化した花岡区では隣組単位での備えが重要視され，従来から行政区や隣組組織の強固な三沢区では世帯単位での備えが重要視されているということである。

7. おわりに

　本章は，長野県岡谷市を対象に，公助・共助・自助の3側面の連携という観点から，地域の総合的な防災力について考察した。最後に結論として簡潔に整理すると以下の通りである。

　市による防災施策のうち，防災ラジオは住民に広く導入されているといえるが，パソコンや携帯電話へのメール配信サービスはあまり利用されておらず，存在さえ知らない人が多い。防災マップも住民の防災意識向上につながっているとはいえない。行政から住民へ直接的に一律なサービスを提供するのは効果的ではなく，まずは市から行政区に対して防災意識の向上を図り，その上で行政区から住民へ，個々の地域の実情を反映した取り組みを展開することが望ましい。あるいは行政から住民へ直接的に情報提供する場合は，提供する情報を単純化し，方法を簡便化する必要がある。

豪雨被害を経験した区では，自主防災会の活動が活発で，住民の防災意識も高い。一方，そうでない区では防災意識は低い。今後は自主防災会同士の横の連携を密にし，被災経験地域における高い防災意識と実践的な取り組みをその他の地域に波及させることが望まれる。

　総合的な地域防災力にとって，もっとも重要で前提となるのは，公助としての行政による防災インフラの整備である。共助と自助に関しても，より地理的，社会的規模が大きいものほど，他に先んじて防災体制を強化する必要がある。つまり，行政区の防災意識が低い地域では隣組単位での災害への備えも充実しないし，一方で隣組単位での防災体制の確立が，世帯や個人単位での防災意識の向上にとってもっとも効果的といえる。

　つまり，平常時の防災体制の確立においては，公助は共助に対して，そして共助から自助に対して連携を密にして浸透を図っていけば，緊急時においても，共助が自助を支え，そして共助と公助が効果的に連帯することが実現されると考えられる。

[注]
1) 岡谷市における 2006 年の土砂災害については，長野県岡谷市（2009）や戸田（2009）などで詳しく紹介されている。
2) 防災ガイド（2009 年改訂版）と防災マップは岡谷市役所ホームページ内の「岡谷市防災 BOX」のサイト（http://www.city.okaya.lg.jp/okaya/okaya-bousai/index.html）で公開されている。
3) この防災ラジオ頒布のために，岡谷市は 2007 年度予算で 7,500 万円を計上した。
4) 隣組とは岡谷市の地域社会組織の末端に位置づけられるもので，近隣の 5 〜 10 戸程度からなる。花岡区には 85 の隣組がある。
5) 岡谷市では行政区と隣組の間に位置づけられる地域社会組織である。花岡区には 5 つの町内会がある。
6) この区長は 2006 年 4 月に就任した。区長として住民の防災意識向上などの取り組みを行っていこうとしていた矢先，3 カ月後の同年 7 月に花岡区は深刻な土砂災害に見舞われた。

[参考文献]
牛山素行 2008．『豪雨の災害情報学』古今書院．

永村恭介・マテオ ジスモンディ 2009．長野市における斜面災害の防災－西部山地の地区を事例として．地域研究年報 31：63-75．

北澤秋司 1986．『天竜川上流域の立地と災害』建設省中部地方建設局天竜川上流工事事務所．

桑原啓三 2008．『地盤災害から身を守る－安全のための知識－』古今書院．

近藤観慈・金田明香里・林　拙郎 2006．山間地域における豪雨災害時の住民避難－2004 年 9 月台風 21 号三重県宮川村災害の事例－．砂防学会誌 59（4）：32-42．

三森利昭 2009．シリーズ「近年の土砂災害」－本シリーズを始めるにあたって－．水利科学 309：1-10．

多田泰之 2009．シリーズ「近年の土砂災害」－ 2004 年三重県宮川村で発生した土砂災害－．水利科学 309：11-28．

戸田堅一郎 2009．シリーズ「近年の土砂災害」－ 2006 年長野県岡谷市で発生した土砂災害－．水利科学 310：12-23．

長野県岡谷市 2009．『忘れまじ豪雨災害　平成 18 年 7 月豪雨災害の記録』長野県岡谷市．

長野県危機管理局・危機管理防災課編 2007．『平成 18 年　長野県の災害と気象』長野県危機管理局・危機管理防災課．

長野県土木部砂防課 2007．『土石流が街を襲った　平成 18 年 7 月豪雨　長野県土砂災害の記録』長野県土木部砂防課．

廣井　脩 1999．土砂災害と避難行動．砂防学会誌 51（5）：64-71．

三沢区土木委員会 1998．『区民がまとめた「防災まちづくり診断地図」』三沢区土木委員会．

III章　日本の流域水需給特性の地域的傾向

1. はじめに

　地理学や生態学，農学，工学など，河川や湖沼といった水環境を研究する学問分野において，それらの集水域である「流域」という地域的視点が重要視されている。とくに河川水利の空間構造や水需給バランスの議論に関しては，志村（1982）が「流域には許容量が存在し，それを越えた人口，産業を養うことはできない」と指摘し，伊藤（1987）も，「流域の垣根を越えた導水や過剰な取水は，水利秩序を乱し，水利構造を不安定にする」と述べているように，流域という視点が取り入れられてきた。

　近年では，メッシュ単位による自然的・人文社会的データの整備が進展したことによって，GISを援用した流域単位での定量的な空間データ解析も盛んである（たとえば，王尾，2008；木村・岡崎，2008など）。しかしこれら既往研究の多くは，ある単独の流域を対象として，ミクロなデータ解析に基づいて流域内部の環境特性を導出したものであった。

　それに対して，大西（2009）は，日本全国を対象として流域ごとにさまざまな環境容量を試算し，GISによって可視化して示した。山下（2004）も，指標は土地利用のみであるが，1980年代と90年代の時系列的変化という視点を導入し，日本全国の一級水系109流域を対象に，土地利用特性の地域差を考察した。

　以上をふまえ本章では，日本全国の一級水系109流域を対象に，流域の水需給ポテンシャルを定量的・相対的に分析する。その際1980年代と2000年代の

データを用いて時系列的な観点からも考察する。それによって，水需給ポテンシャルの変化からみた日本の流域の地域的傾向を明らかにすることが本章の目的である。

2. 流域水需給データベースの作成

2．1 流域界データ

流域界データとしては，国土交通省のホームページよりダウンロードできる国土数値情報にメッシュ形式のデータとポリゴン形式のデータがある。本章で扱う統計データはすべて3次メッシュ単位で集計されたものであるため，それらとの整合性を勘案し，ここではメッシュ形式の「流域・非集水域メッシュ」データを国土数値情報のホームページよりダウンロードした。このデータは，水系域コードと水系名を属性情報として有している。したがって GIS ソフトウェア（ArcGIS ver.10）にて，いずれかの属性情報に基づいてディゾルブ処理をすることによって，一級水系109流域の流域界データを作成した。

2．2 人口データと水道用水需要

人口データとしては，国勢調査地域メッシュ統計の1985年と2005年のデータを用いた。2005年のデータは，総務省の「政府統計の総合窓口」のホームページからダウンロードできるが，同時に shp 形式の3次メッシュの境界データ（地図データ）もダウンロードできる。この境界データには属性情報として3次メッシュコードが含まれており，ほかの3次メッシュ単位の統計データと結合させることでさまざまな地図表示が可能である。したがって1985年のデータもこの境界データと結合させた。これらのデータを GIS にて流域界データと重ね合わせることで，流域ごとの人口を集計した。

各流域の水道用水需要は，この流域人口に，国土交通省水管理・国土保全局水資源部編（2012）で示されている1985年と2005年の人口1人当たり年間上水使用量（有効水量ベース）をそれぞれ乗ずることで試算した。

2．3　事業所データと工業用水需要

　事業所データとしては，1986年と2001年の事業所・企業統計調査地域メッシュ統計のデータを用いた。これらのデータと先述の境界データを結合し，流域界データと重ね合わせた。そして，各年次の従業者30人以上の製造業事業所数を流域ごとに集計した。

　工業用水需要を試算するための1事業所当たり用水使用量は，経済産業省のホームページよりダウンロードできる「工業統計表用地・用水編」において，従業者30人以上の製造業事業所について，水源別に公表されている。その1986年と2001年のデータを用いて，用水使用量の総計から海水使用量と回収水使用量を引いた淡水補給水量を算出した。そして，この1事業所当たり淡水補給水量に各流域の従業者30人以上の製造業事業所数を乗ずることで，各流域の工業用水需要を試算した。なおデータの制約上，従業者29人未満の事業所については試算の対象にできなかったが，国土交通省水管理・国土保全局水資源部編（2012）によると，全淡水補給水量に占める従業者30人以上事業所の淡水補給水量の割合は，1986年，2001年ともに約9割に達しており，従業者30人以上の事業所のみによる本章の試算でも，流域の工業用水需要の試算としては概ね妥当であるといえる。

2．4　土地利用データと農業用水需要

　土地利用データとして，国土数値情報土地利用メッシュの1987年と2006年のデータをダウンロードした。そして，GISにて流域界データと重ね合わせることで，各流域の各年次の水田面積と畑地面積を算出した。

　次に，単位面積当たりの用水使用量を，国土交通省水管理・国土保全局水資源部編（2012）と同書のバックナンバーのデータに基づき，1987年と2006年について地方別に試算した。この資料には，北海道から九州までの9地方別に（沖縄には一級水系がないため本章では対象外），水田面積，畑地面積，農業用水量の経年的データが掲載されている。一方，水田か畑地かの用途別の農業用水量は全国値のみが公表されているので，そこからまず水田と畑地の水使用比を算出した。そして，地方別の農業用水量をその比によって水田用と畑地用に

按分し，水田面積，畑地面積でそれぞれ除することで，地方別・用途別の単位面積当たり農業用水量を導出した．その値に流域ごとの水田面積，畑地面積を乗ずることで，最終的に各流域の農業用水需要を試算した．

2.5 降水量データと水資源賦存量

最後に，流域の水供給可能量を試算するデータとして，国土数値情報の気候値メッシュ（1987年）と平年値メッシュ（2010年）のデータをダウンロードした．GISにてこれらのデータと流域界データを重ね合わせることで，まず各流域の年降水量を集計した．次に，国土交通省水管理・国土保全局水資源部編（2012）で示されている，単位面積当たり蒸発散量の値に流域面積を乗ずることで，各流域の年蒸発散量を算出した．そして，降水量から蒸発散量を引くことで，各流域の水資源賦存量を試算した．

3. 流域特性にみられる地域的傾向

3.1 人口

1985年において人口密度がもっとも高いのは，関東地方の鶴見川流域である．以下，荒川流域（関東），多摩川流域（関東），庄内川流域（中部），大和川流域（近畿）と，三大都市圏に含まれ面積の大きくない流域が上位になる．一方，人口密度がもっとも低いのは，北海道の渚滑川流域である．概ね，北海道，東北，北陸，中国，四国地方の流域は人口密度が低い．とくに北海道は，石狩川を除くすべての流域で，人口密度100人/km^{2}未満である．2005年においてもこのような地域的傾向は同様であり，この20年間でほとんど変化していない．ただし，人口増加率をみると，この20年間で人口の増加した流域が49，減少した流域が60とほぼ半々である．もっとも増加率が高いのは鶴見川流域であり，もっとも低いのは近畿地方の熊野川流域である．人口が増加した流域は概ね，北海道の石狩川，十勝川，釧路川流域，東北地方の太平洋側の流域，関東，中部，近畿といった中央日本の流域である．中国，四国，九州地方は，人口の増加した流域と減少した流域が混在している．

3.2 事業所数

　1986年において従業者30人以上の製造業事業所数（以下，事業所数と略記）がもっとも多いのは，近畿地方の淀川流域であり，以下，利根川流域（関東），荒川流域（関東），信濃川流域（北陸），庄内川流域（中部）と続く．2001年になると，淀川流域と利根川流域の順位が入れ替わるものの，上位5流域の構成に変化はない．ただし事業所数自体は，5つの流域すべてで減少している．とくに淀川流域と荒川流域が顕著で，それぞれ1,195および1,398の減少である．

　一方，この15年間で事業所数がもっとも増えたのは，九州地方の緑川流域（435の増）と関東地方の相模川流域（324の増）であり，3位の北上川流域（東北）の83を大きく引き離している．増加率でみると，値が高いのは，大都市圏の周辺に位置する流域や，新たに工業地域として発展した地方都市を含む流域であると考えられる．

3.3 土地利用

　1987年において水田面積率がもっとも高いのは，北陸地方の小矢部川（おやべ）流域であり，その他，東北，北関東から北陸地方にかけての流域で高い．九州地方北部の流域も高い．一方，もっとも低いのは釧路川流域（北海道）であり，北海道の流域は概ね低い．また，関東から九州地方にかけての太平洋側の流域も低い．2006年までの約20年間で水田面積が増加したのは，尻別川流域（しりべつ）（北海道），那珂川（なか）流域（関東），白川，大野川流域（九州）の4流域のみであり，とくに北海道，北陸，中部，近畿，四国地方の流域における水田面積の減少が顕著である．

　畑地面積率が1987年においてもっとも高いのは，北海道の十勝川流域であり，北海道，関東，九州地方の流域で概ね高い．一方，もっとも低いのは北陸地方の黒部川流域であり，東北から北陸，近畿，中国地方にかけての日本海側の流域で概ね低い．2006年までの約20年間での増加率をみると，北海道の流域は概ね高く，子吉川（こよし）流域（東北）と神通川流域（北陸）も高い．その他の流域の大半は，この約20年間で畑地面積が減少している．

3.4 総合的な流域特性

　流域特性を総合的にみるために，まず人口密度，事業所密度，水田面積率，畑地面積率の4項目を総合的に勘案した流域の類型区分を試みた（図Ⅲ-1，口絵）。各項目の平均（m）と標準偏差（σ）を求め，どの項目が「平均＋標準偏差／2」を上回っているかに基づいて，「〇〇発達型」と名付けた。具体的には，人口密度と事業所密度がいずれも上回っていれば「都市発達型」，事業所密度のみが上回っていれば「工業発達型」とした。また，水田面積率と畑地面積率の両方が上回っていれば「農業発達型」，いずれか1つのみが上回っていればそれぞれ「稲作発達型」，「畑作発達型」とした。そして，上回っている項目が1つもない流域のうち，4項目すべてが「平均－標準偏差／2 ～ 平均＋標準偏差／2」の値を示すものを「平均型」，それ以外を「非発達型」とした。すなわちこれらの類型によって，どの用途の水需要が相対的に多いかを暗に示している。

　1980年代において都市発達型は6流域あり，荒川，多摩川，鶴見川流域（関東），庄内川流域（中部），淀川，大和川流域（近畿）といずれも3大都市圏に位置する。工業発達型は相模川流域（関東）と狩野川流域（中部）の2つである。農業発達型は13流域あり，北東北，南東北～北関東，九州北西部の流域で主にみられる。稲作発達型は16流域あり，東北，北陸地方および九州北部などに分布する。畑作発達型は13流域あり，その半数が北海道に集中している。一方で，46流域が該当する非発達型は，主に西日本に分布し，とくに中部，北陸，中国，四国地方の多くの流域がこの類型に区分される。

　2000年代においても，各類型分布の地域的傾向には大きな変化はみられないが，1980年代から類型が変化したのは10流域である。北海道地方の石狩川流域と後志利別川流域は畑地面積率が増加し，それぞれ平均型，非発達型から畑作発達型になった。北陸地方の信濃川流域は水田面積率が減少し，稲作発達型から平均型となった。その他の7流域も，水田面積率や畑地面積率といった農業的土地利用の変化によって類型が変化した。

　次に，人口，事業所数，水田面積，畑地面積の4項目に関して，1980年代から2000年代にかけてどの項目が増加したかに着目した類型区分を行った（図

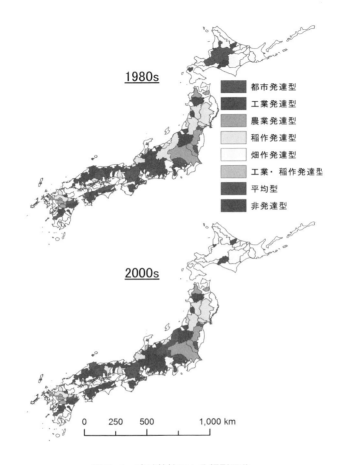

図Ⅲ-1　流域特性による類型区分

Ⅲ-2，口絵）。人口と事業所数の両方が増加していれば「都市化型」，どちらか一方のみが増加していればそれぞれ「人口増加型」，「工業化型」とした。同様に水田面積のみが増加してれば「水田増加型」，畑地面積のみならば「畑地増加型」とした。また，人口も事業所数も増加しており，なおかつ水田面積または畑地面積も増加している流域を「開発型」とした。一方で，4項目いずれも減少している流域を「過疎化型」とした。

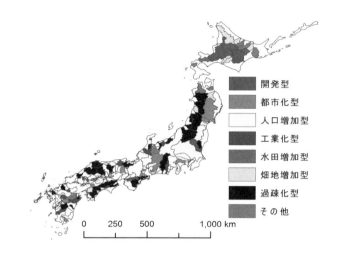

図Ⅲ-2　流域特性の変化による類型区分

　開発型は，石狩川，十勝川流域（北海道），那珂川流域（関東），菊川流域（中部），紀ノ川流域（近畿）の5つである。都市化型は12流域あり，大都市圏外縁部や地方の県庁所在地を含む流域にみられる。人口増加型は27流域あり，関東地方や近畿地方を中心に各地に分布するが，東北北部や北海道にはない。工業化型は12流域あり，北陸地方や九州地方を中心に西日本に分布する。水田増加型は北海道の尻別川のみである。畑地増加型は12流域あり，その半数が北海道の流域である。過疎化型は31流域が該当し，東北地方の日本海側と中国，四国地方の流域の多くが含まれる。

4. 水需給ポテンシャルにみられる地域的傾向

4.1　総水需要の変化

　まず，水道用水，工業用水，農業用水の需要を合わせた流域の総水需要ポテンシャルを試算し，それを流域面積で除した水需要密度を求めた。1980年代におけるその上位10流域をみると，荒川，鶴見川流域（関東）や庄内川流域（中

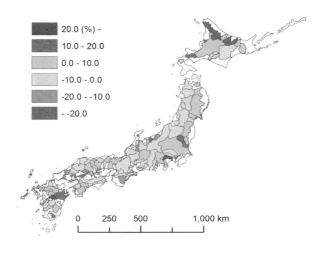

図Ⅲ-3 各流域の総水需要の変化率

部)は三大都市圏に含まれ,水道用水と工業用水を合わせた都市用水需要が7割以上を占める都市型流域である。一方,関川,小矢部川流域(北陸),菊川流域(中部),六角川,嘉瀬川流域(九州)は,農業用水需要が7割以上を占める農業型流域である。淀川,大和川流域(近畿)はその中間型である。2000年代における上位10流域を挙げると,関川流域に代わって多摩川流域(関東)が入る以外は1980年代と同じである。多摩川流域は東京大都市圏に含まれ,都市用水需要が9割以上を占める都市型流域である。

次に,1980年代から2000年代にかけてどのくらい総水需要が変化したのかを変化率として表した(図Ⅲ-3,口絵)。総水需要が増加したのは51流域あり,北海道,東北地方の太平洋側,関東地方,中国地方の東部,九州地方に主に分布する。それらのうち増加率が10%を超えているのは,尻別川流域(北海道),那珂川,相模川流域(関東),白川,緑川,大野川,五ヶ瀬川,肝属川流域(九州)の8流域である。それぞれの水需要が増加した要因は,那珂川,相模川,緑川,肝属川流域は人口と事業所数の増加,尻別川流域は水田面積の拡大,白川,大野川流域は人口増加と水田面積の拡大,五ヶ瀬川流域は事業所数の増加である。

一方，減少したのは58流域あり，とくに北海道北部で顕著なほかは，東北地方の日本海側，北陸，近畿地方，中国地方の西部に主に分布する。それらのうち減少率が10%を超えているのは，天塩川，湧別川，常呂川，留萌川流域（北海道），関川，姫川，庄川流域（北陸），安倍川流域（中部），熊野川流域（近畿），高津川，芦田川，佐波川流域（中国）の12流域である。水需要が減少した要因としては，関川，熊野川，高津川流域は，人口，事業所数，水田面積，畑地面積のすべてが減少している。安倍川，芦田川，佐波川流域では人口は増加しているが，他の項目が減少している。姫川，庄川流域は人口および水田面積，畑地面積が減少している。天塩川，留萌川流域では畑地面積は増加しているが，他の項目が減少している。湧別川，常呂川流域では事業所数と畑地面積は増加しているが，人口と水田面積が減少している。

4．2　降水量と水資源賦存量の変化

降水量に関しては，1987年のデータにおいても，2010年のデータにおいても，相対的に年降水量が多いのは東北から北陸地方にかけての日本海側の流域および，中部から近畿，四国，九州地方にかけての太平洋側の流域である。一方で，北海道および東北地方の太平洋側，関東地方，瀬戸内海沿岸の流域で年降水量が少ない。2010年のデータでもっとも降水量が多いのは，手取川流域（北陸）の2,766mmであり，もっとも少ないのは，常呂川流域（北海道）の869mmであり，その差は約1,900mmになる。

この降水量のデータを基に各流域の水資源賦存量を試算し，1987年から2010年の変化率をみてみる（図Ⅲ-4，口絵）。賦存量が増加したのは，久慈川，多摩川，鶴見川流域（関東），狩野川流域（中部），松浦川，番匠川，小丸川流域（九州）の7流域のみであり，ほかの流域ではいずれも減少している。とくに北海道，北陸，近畿，中国地方の流域で賦存量の減少率が大きい。

4．3　水需給比の変化

流域の水資源賦存量に対する総水需要ポテンシャルの割合を水需給比として算出した（図Ⅲ-5，口絵）。1980年代において100%を超えている，すなわち

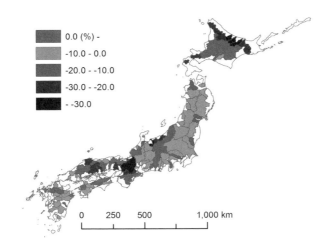

図Ⅲ-4 各流域の水資源賦存量の変化率

　総水需要が水資源賦存量を上回っている流域は，荒川，鶴見川流域（関東）と大和川流域（近畿）である。これらは大都市圏に含まれる都市用水需要の非常に大きい流域である。これら以外で水需給比が50％を超えていて相対的に値の高い流域は，高瀬川，鳴瀬川，阿武隈川流域（東北），利根川，多摩川流域（関東），庄内川流域（中部），淀川，加古川流域（近畿），芦田川流域（中国），土器川流域（四国），六角川流域（九州）の11流域である。これらの流域は，東北地方の太平洋側から関東，東海，近畿地方を経て瀬戸内，九州地方北部にかけての，いわゆる日本の発展軸に沿って分布しているが，値が高い要因はいくつかに分けることができる。まず，水資源賦存量が相対的に少ないのは，東北地方太平洋側の3流域と関東地方の利根川流域，そして瀬戸内の芦田川流域と土器川流域である。一方，総水需要が相対的に多いのは，それ以外の5流域であるが，そのうち都市用水需要が大きいのは大都市圏に含まれる多摩川流域と大和川流域であり，農業用水需要が大きいのは加古川流域と六角川流域であり，淀川流域はその中間である。

　2000年代に目を向けると，水需給比が100％を超えているのは，荒川，鶴見川，

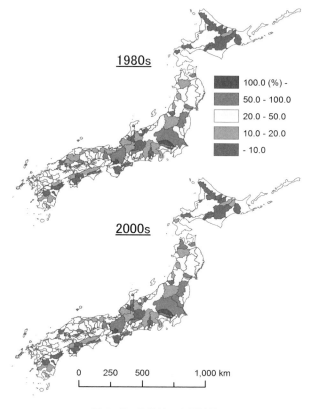

図Ⅲ-5　各流域の水需給比

大和川の3流域で変わらない。これら以外で水需給比が50%を超える流域は，1980年代の11流域に，岩木川流域(東北)，那珂川流域(関東)，小矢部川流域(北陸)，菊川流域(中部)を加えた15流域に増加している。新たに50%を超えた4流域についてその要因を分析すると，日本海に面した岩木川流域と小矢部川流域は，総水需要はむしろ微減であるが，降水量が大幅に減少したからである。那珂川流域は，変化類型で「開発型」に分類されたように(図Ⅲ-2，口絵)，水道用水，工業用水，農業用水のいずれもが増加している。菊川流域も「開発型」であるが，降水量の減少と，水道用水，工業用水需要の増加が主な要因である。

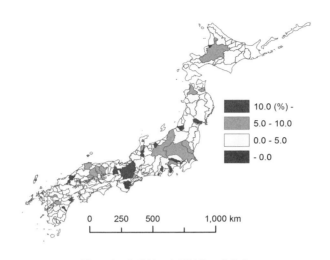

図Ⅲ-6　各流域の水需給比の変化率

　1980年代から2000年代にかけての水需給比の変化をみると（図Ⅲ-6，口絵），減少しているのは12流域のみであり，ほかは増加している。とくに10％以上増加しているのは，鳴瀬川流域（東北），菊川流域（中部），淀川，大和川，加古川流域（近畿），土器川流域（四国）の6流域である。水需給比がこのように大きく増加したのは，近畿地方の3流域においては，降水量の減少による水資源賦存量の減少が大きな要因である。加えて加古川流域に関しては，変化類型で「都市化型」に分類されたように，水道用水と工業用水の需要が大きく増加したからでもある。その他3流域も賦存量が大きく減少しているが，鳴瀬川流域は，変化類型で「都市化型」に分類され，菊川流域と同様，とくに水道用水と工業用水の需要が大きく増加している。土器川流域の変化類型は「人口増加型」であり，水道用水需要の増加がもっとも大きな要因である。

5．おわりに

　本章は，1980年代と2000年代の人口，事業所数，水田面積，畑地面積を指

標として，日本の一級水系109流域の地域的特性を分析し，さらに降水量のデータも加えて，総水需要と水資源賦存量を試算し，水需給ポテンシャルの変化からみた地域的傾向を考察した．その結果，流域特性や水需給比には明確な地域性があり，流域の水需給ポテンシャルを規定する地域的背景にはいくつかのパターンがあることが明らかとなった．

相対的に水需給比の高い流域は，三大都市圏を中心としながらも，東北から関東，中部地方の太平洋側，さらに近畿，中国，四国地方の瀬戸内海側から九州地方北部など全国に広く分散しており，その要因についても水資源賦存量の小ささに規定されるタイプ，都市用水需要の大きさに規定されるタイプ，農業用水需要の大きさに規定されるタイプ，その中間あるいは複合的なタイプといったように地域的に多様であることが明らかとなった．

本章の試算値は，全国スケールで同水準のデータが取得できる指標を用いた推計であり，あくまでも相対的な流域間比較をすることが目的であった．今後さらなる分析に向けた課題としては，以下のことが挙げられる．

まず，農業用水需要の試算に用いた水田と畑地の水使用比，および水資源賦存量の試算に用いた蒸発散量の値は，全国値を用いざるを得なかった．しかしこれらの値は，各地域の農業の実態や気候・土壌・土地被覆条件によって異なるはずであり，それらを反映した試算ができれば，個々の流域の絶対的な水需給特性が理解できよう．

また，本研究の水資源賦存量の試算に用いた降水量データは平年値であったが，現実に水需給が逼迫し渇水リスクが高まるのは，降水量が平年値を大きく下回るような少雨時である．したがって，各地域でもっとも少雨だった年のデータを反映した試算も，渇水問題の議論をする際には必要であろう．

いずれにしろ水需給バランスの問題は，単独の流域単位で収束するものではなく，地域ごとに事情も異なっており，その解決策の提示には，よりローカルかつミクロなスケールでのデータ解析や現地調査が必要である．とはいえ本章のような日本全国を対象とした相対的理解は，そのような実際の現場における調査・分析や解決策の検討にとって，その基礎的データとして有益な示唆を与えるものである．

[参考文献]

伊藤達也 1987. 木曽川流域における水利構造の変容と水資源問題. 人文地理 39：319-340.

王尾和寿 2008. 流域圏における水系を視点とした景観特性の分析－那珂川，霞ヶ浦，鬼怒川，小貝川の各流域を事例として－. 地学雑誌 117：534-552.

大西文秀 2009.『GISで学ぶ日本のヒト・自然系』弘文堂.

木村園子ドロテア・岡崎正規 2008. 多摩川流域における土地利用と河川水窒素濃度との関係. 地学雑誌 117：553-560.

国土交通省水管理・国土保全局水資源部編 2012.『平成24年版日本の水資源』海風社.

志村博康 1982.『現代水利論』東京大学出版会.

山下亜紀郎 2004. 日本の主要流域における土地利用特性とその地域差. 地理情報システム学会講演論文集 13：79-82.

IV章　流域の河川水需要と灌漑水利体系

1. はじめに

　前章では，日本全国の一級水系109流域を対象に，主に定量的なデータ解析に基づいて，流域の水需給特性を相対的に比較検討した。それに対して本章と次章では，個別の流域を対象とした具体的な河川水利体系について検討する。

　従来の河川水利用に関する研究を展望すると，まず，水利調整に関する一連の研究が挙げられる。これらの研究は，それまで農業用水で占められていた河川水利に初めて都市用水が本格的に参入してくる高度経済成長期以降，1980年代前半までに一定の蓄積をみた。

　まず新沢（1955，1962）は，計画技術的側面から，農業用水の合口や新たな用排水路の開疏による農業水利の変化，河川改修や河川総合開発に伴う水利調整，および発電・水道・工業用水と農業水利との関係の実態を調査し，治水ならびに様々な河川水利が相互に調和的に河川水を利用するための方法論を体系的に示した。

　森滝（1966）は，農林省による「農業水利悉皆調査」を用いて，農業水利間あるいは農業水利と他水利との水利調整，水利権の慣行・許可別割合，取水施設の規模などを指標として，日本の55の流域における河川水利秩序を，大きく8類型に区分した。白井（1979）は，芦田川水系の水資源が逼迫した背景について検討し，三川ダム農業用水の都市用水への転用の実現条件を考察した。その結果，流域内への製鉄所の誘致が芦田川の利水体制を急激に変化させたこと，農業用水から水道用水への転用は，両者の受益地域が重複し，農業利水者

が同時に上水道の需要者であったため実現したことなどを明らかにした。秋山（1980）は，高梁川水系を対象にして，水需要の増大と水資源開発により水利秩序が再編期を迎える中で，農業用からその他の用途への水利転用がどのように位置付けられるかを検証した。そして，都市用水側にとって，費用面からみて水利転用は水源確保の方法として有効であるが，農業用水側にとっては，用水合理化事業に伴う余剰水の都市用水への転用は，合理化の必要性がない場合，受容し難いものであると結論づけた。

　上記の研究は，都市用水需要が飛躍的に増加の一途をたどっていた1960年代から80年代当時の水利問題を考察したものであった。これらの諸問題は現在において既に解決されたとは言い難いものの，近年は当時ほど活発に議論されることが少なくなったといえる。この当時における水利秩序研究に関しては，秋山（1988）において詳しく展望されている。

　他方，これらの政策的立場からの包括的議論に対して，地理学の分野を中心に，河川水利用の個別の用途，特に農業水利に着目し，詳細な現地調査に基づいてその実態を解明した研究成果も多い。たとえば田林（1981，1982）は，北陸地方の3つの扇状地性平野における農業水利の空間構造を分析し，それが並列的な構造から統一的な構造へ移行していくことを見出した。1980年代前半までにおけるそれらの研究動向は，原（1984）によってまとめられている。

　一方で，1980年代後半以降になると，個別の用水路の受益区域や土地改良区の管轄区域を対象として，農業水利体系や用排水施設の維持管理体制を明らかにし，対象地域の都市化によるそれらの変容について詳述している研究が盛んとなった。たとえば，山崎（1985）は中川流域の葛西用水路，白井（1987）は新潟市の西蒲原土地改良区や名古屋市の愛知用水地域，高木（1987）は大利根用水地域，伊藤（1989）は木曽川下流の宮田用水土地改良区，南埜（1995）は広島市川内地区をそれぞれ事例とした研究を行った。

　このように，詳細な灌漑水利体系に関する従来の地理学的研究は，概ね個別の土地改良区や市町村の範囲ごとに，空間構造やその変容過程についての知見を蓄積してきた。このようなミクロスケールにおける詳細な事例研究は，利水者の立場からみた河川水利の実態を正しく理解するためには不可欠である。し

かしながら，水需給の広域化や合理化とダム・取水堰建設の是非などに代表される現代的な水資源問題全般の議論との関わりにおいては，より広域な流域という地域的視点による水需給の総合的分析もまた重要視されるべきである。

2. 研究の目的と方法

そこで本章では，ともに関東地方に位置し，面積も類似している那珂川流域と鬼怒・小貝川流域を事例に，流域規模の河川水利用の定量的・空間的特性を解明し，具体的な事例地域での灌漑水利体系の差異を，それと関連づけながら比較考察することを目的とする。

図Ⅳ-1は研究対象とした那珂川流域と鬼怒・小貝川流域の位置を示したものである。那珂川は那須岳に端を発し，那須高原の丘陵地を流れ，八溝山地の西麓に沿って南下する。そして栃木県と茨城県の県境で八溝山地を横断し，茨城県の県庁所在地である水戸市内を経て，ひたちなか市と大洗町の境界で太平洋に注ぐ。流路延長は150.0km，流域面積は3,270km²である。

鬼怒川と小貝川は1629（寛永6）年の治水事業の際に分離されて以来，別々の河川であるが，元来は現在の下妻市比毛地先で合流する1つの河川であった。両河川は現在でも位置的に非常に接近しており，河川管理上からも1つの流域とみなされている。したがって，ここでは鬼怒川と小貝川の流域を1つの流域とみなして研究対象とした。

鬼怒川は流路延長176.7km，小貝川は111.8kmで，源流をそれぞれ鬼怒沼と旧南那須町大赤根の湧水に求めることができる。鬼怒川上流域は比較的急峻な山地であるが，鬼怒川は中流以降，そして小貝川は全区間にわたって，なだらかな台地・低地部を流れる。鬼怒川は守谷市で，小貝川は取手市と利根町の境界で，それぞれ利根川に合流する。鬼怒・小貝川流域の面積は，2,800km²である。栃木県の県庁所在地である宇都宮市が鬼怒川の中流域に位置し，下流域には首都圏への通勤圏である，守谷市や取手市などの都市が立地する。

このように両流域は互いに隣接し，面積的にもほぼ等しく，河川は栃木県の山間部に端を発し，茨城県へ注ぐという共通性がある。その一方で，土地利用

図Ⅳ-1 那珂川流域と鬼怒・小貝川流域の位置

や人口分布，地形などといった人文・自然的条件の空間特性に大きな相違があると考えられる。そして，その相違が流域内の河川水利用に差異をもたらしているものと予測される。

本章はまず，流域全体を対象として包括的かつ定量的に河川水利用の空間特性を分析する。そのための資料として水利権のデータを用い，水利権が設定されている取水口の位置と取水量から，両流域における河川水利用の地域的傾向を明らかにする。河川水を利水目的で使用する場合には，ほとんどすべてにおいて何らかの水利権[1]が発生しており，水利権のデータは，河川の流域のよ

うな広大な範囲の水利用を網羅的に分析するのに適している。

次に，両流域における具体的な灌漑水利体系とその形成過程を詳述する。その際，両流域における河川水利用の定量的・空間的特性からみて典型的で，その特性の違いをより実証的に検討しうる土地改良区の管轄区域を選定し，事例調査を実施する。調査項目は，水源と取水口の位置，用排水体系，受益者による水利形態などと，それらの形成過程である。

3. 那珂川流域と鬼怒・小貝川流域における河川水利用の定量的・空間的特性

3.1 許可水利権の総件数と総取水量

表IV-1に，那珂川流域と鬼怒・小貝川流域における，用途別の許可水利権の総件数と総取水量を示した。農業用は，両流域とも件数できわめて多く，総取水量ももっとも多い。両流域を比較すると，件数ではほとんど差はないが，総取水量に大きな差異がある。すなわち農業水利権1件当たりの取水量は，鬼怒・小貝川流域が那珂川流域の約3倍である。

水道用については，件数，総取水量ともに，那珂川流域が鬼怒・小貝川流域を上回っている。そのうち規模の大きい特定水利権[2]は，那珂川流域で13件，3.903m^3/s あるのに対して，鬼怒・小貝川流域においては7件，2.597m^3/s である。

表IV-1 那珂川流域と鬼怒・小貝川流域の水利権（2002年）

用途	那珂川流域		鬼怒・小貝川流域	
	件数	総取水量 (m^3/s)	件数	総取水量 (m^3/s)
農業用	122	50.910	114	163.862
水道用	27	3.996	11	2.654
工業用	7	1.687	7	2.988
その他	14	0.932	13	2.418
計	170	57.525	145	171.922

注） 発電用は除く
国土交通省常陸工事事務所，下館工事事務所，および茨城県河川課，栃木県河川課の資料より作成

工業用水に関しては，件数は両流域とも7件と同数であるが，総取水量では，鬼怒・小貝川流域の方が那珂川流域の2倍弱である。

3．2　特定水利権の取水口分布

　図Ⅳ-2，Ⅳ-3はそれぞれ那珂川流域と鬼怒・小貝川流域における特定水利権の取水口の分布と用途，最大取水量を示している。両図によると，両流域とも特定水利権の大半を農業用が占め，那珂川流域で17件，総取水量40.540m^3/s，鬼怒・小貝川流域で27件，総取水量148.183m^3/sである。各流域内の農業用の許可水利権全体に占める割合は，それぞれ79.6％，90.4％と高い値を示し，流域内の農業用水需要の大部分が，これら規模の大きな特定水利権によって賄われていることがわかる。それらの取水口の多くは，那珂川流域では，本流の上流域と下流域に分布している。中流域では本流よりもむしろ支流に取水口が位置する傾向にある。鬼怒・小貝川流域では，上流域に特定水利権のなかでは比較的規模の小さなものが集中している。これらは取水口が鬼怒川本流に位置するものと，中禅寺湖から流出して鬼怒川に合流する大谷川に設けられたものに分けられる。そして鬼怒川の中流に大規模な取水口が3カ所みられる。いずれも国営農業水利事業によって建設されたものであり，上流からそれぞれ鬼怒川中部地区農業水利事業による佐貫頭首工，鬼怒中央地区農業水利事業による岡本頭首工，鬼怒川南部地区農業水利事業による勝瓜頭首工である。小貝川では上・中流に小規模なものが分布し，下流に3カ所大規模なものがある。これらは関東三大堰と呼ばれる，福岡堰，岡堰，豊田堰である。

　水道用の取水口は，那珂川流域では下流域に多い。これは，水戸市やひたちなか市等の人口規模が大きく水道用水需要も多い都市が下流域に位置することと一致する。また，支流域にも小規模ながらいくつかの取水口が存在することも，特徴として挙げることができる。鬼怒・小貝川流域においては，対照的に上・中流域に取水口が集中し，主に日光市，宇都宮市などの都市に水道用水を供給している。下流域には水道用特定水利権の取水口は存在しない。また，大谷川を除けば，支流域にほとんど取水口が存在しないのも，鬼怒・小貝川流域の特徴である。工業用水に関しては，那珂川流域では，7件中4件が特定水利

IV章　流域の河川水需要と灌漑水利体系　59

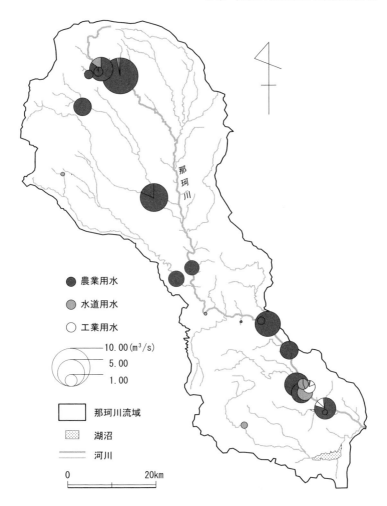

図Ⅳ-2　那珂川流域における特定水利権の用途と最大取水量（2002年）
発電用を除く
チャートの箇所は複数の水利権が1つの取水口を利用している
国土交通省常陸工事事務所および栃木県土地改良課の資料より作成

権であり，いずれも那珂川本流の最下流に取水口を有する。これらはひたちなか市や旧那珂町（現那珂市），旧大宮町（現常陸大宮市）の工業団地へ用水を

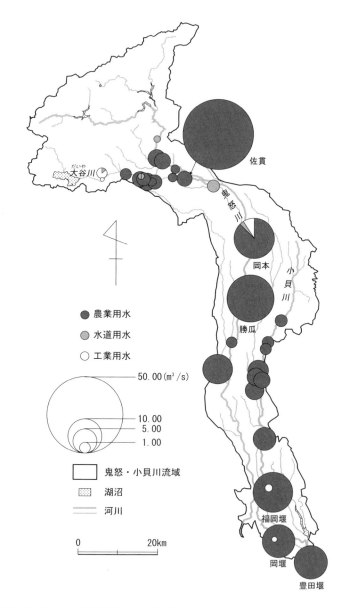

図Ⅳ-3　鬼怒・小貝川流域における特定水利権の用途と最大取水量（2002年）
発電用を除く
チャートの箇所は複数の水利権が1つの取水口を利用している
国土交通省下館工事事務所および栃木県土地改良課の資料より作成

供給している．鬼怒・小貝川流域では，7件中5件が特定水利権である．そのうち2件は大谷川に取水口があり，日光市内の企業へ用水を供給している．1件は鬼怒川中流の岡本頭首工から取水され，宇都宮市，芳賀町，高根沢町の工業団地へ用水を供給している．残りの2件は小貝川下流に取水口が設けられているものの，流域外導水によって霞ヶ浦から小貝川へ注水した水を取水する水利権である．この2件の取水口からは，取手市など9市町村の事業所が給水を受けている．

3.3 特定水利権の水源

図Ⅳ-4，Ⅳ-5は，那珂川流域と鬼怒・小貝川流域における，特定水利権の水源とその権利取得年を示したものである．那珂川流域では，全34件の特定水利権のうち17件がダムなどに水源を求めており，残りの17件の水源は河川の自流である．ダムを水源とする特定水利権の取水量は，19.465m^3/sで全体の42.2%を占める．特定水利権の水源となっているダムは5カ所あるが，那珂川本流のダムは1カ所のみである．霞ヶ浦導水に水源を求める計画のものが2件あるが，これらは暫定的に那珂川本流から取水しており，流域外に水供給を頼っているわけではない．

次に権利取得年の年代別内訳では，1969年以前のもの16件のうち，3件がダムを水源としており，同様に1970年代のものが3件中1件，1980年代のものが6件中5件，1990年以降のものが9件中8件である．つまり，1980年以降に取得された特定水利権の8割以上がダムなどに依存している．それらの特定水利権13件（総量8.695m^3/s）について詳しくみると，総量で3.228m^3/sを取水する7件が支流に取水口を有し，その他は本流である．用途では，農業用が5件で総量は7.177m^3/sであり，水道用は7件で総量が1.060m^3/s，工業用は取水量0.168m^3/sのもの1件のみである．

一方，鬼怒・小貝川流域では，大谷川に多くの特定水利権が設定されており，いずれも水源は河川の自流である．1990年以降も大谷川では3件の特定水利権が新たに取得された．その他の取水口の大半は鬼怒川と小貝川の本流に位置しており，しかも上・中流にやや偏っている．本流に取水口を有する水利権の

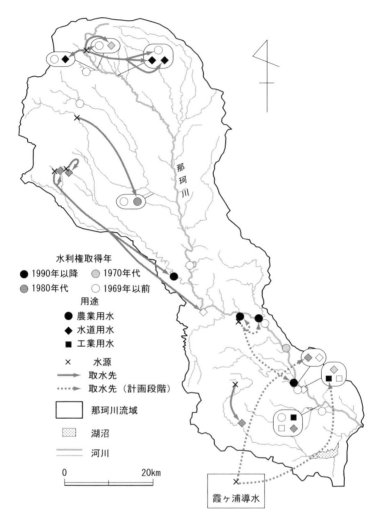

図Ⅳ-4　那珂川流域における特定水利権の取得年と水源（2002年）
　　　　発電用を除く
　　　　囲み内の水利権は取水口を共有している
　　　　矢印のないものは河川自流が水源
　　　　国土交通省常陸工事事務所の資料より作成

IV章 流域の河川水需要と灌漑水利体系 63

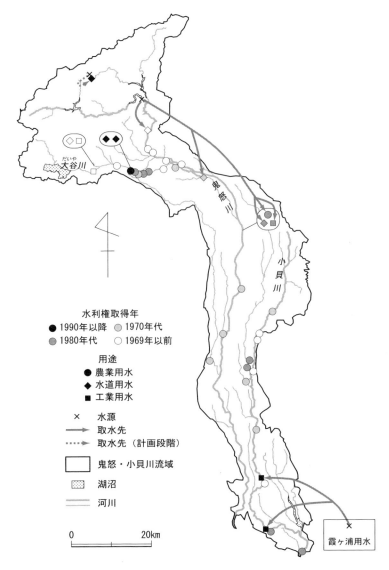

図IV-5 鬼怒・小貝川流域における特定水利権の取得年と水源（2002年）
　　　発電用を除く
　　　囲み内の水利権は取水口を共有している
　　　矢印のないものは河川自流が水源
　　　国土交通省下館工事事務所の資料より作成

うち，工業用，水道用はすべて新規の水資源開発によって権利が取得されたものである。そのうち，1990年以降に下流で権利が取得された工業用水2件は，流域外に水源を求める霞ヶ浦用水に頼っている。農業用でダムに依存しているのは1件のみであるが，1990年以降，新規水利権は設定されていない。

　以上のことをまとめると，那珂川流域の河川水利用は，農業用が水利権の件数，総取水量ともに卓越している。しかしながら1件当たりの取水量は，相対的に少なく，支流も含めて，広範囲に分散している。大規模な特定水利権も本流ではなく，支流の上流域に新たな水源を求めている点に特色がある。水道・工業用の利用は，下流域の茨城県側を中心に比較的多くみられる。これらの中には1990年以降に水利権が新たに取得されたものも含まれ，水戸市，ひたちなか市など下流域の都市における水需要増に対しても，自流域内で充足している。栃木県側の市町村では取水量こそ少ないものの，水道用水源を最寄りの支流の上流域に求めている事例もある。

　鬼怒・小貝川流域の河川水利用においては，那珂川流域よりもさらに農業用水が卓越し，総取水量で那珂川流域の約3倍に達する。これらの約90％が特定水利権によるものである。比較的取水量の小規模な特定水利権は大谷川(だいや)に集中しているものの，その他はいずれも鬼怒川と小貝川の本流に設定されている。このように鬼怒・小貝川流域では既得農業水利権による取水量がとくに多い反面，水道・工業用の水利権の件数は那珂川流域の約2分の1にすぎない。それらの大半は，大谷川(だいや)をはじめとする上流域の支流河川に取水口を有し，河川自流を水源としており，そのうえ取水量も少ない。中流域には川治ダム(かわじ)を水源とするものがあるのみで，下流域には自流域内に水源を有する水利権が存在せず，新規都市用水需要は，流域外での水源開発に依存するようになっている。

　那珂川流域と鬼怒・小貝川流域は，互いに隣接し面積的にほぼ等しいにもかかわらず，河川水利用にみられる定量的・空間的特性は大きく異なっている。那珂川流域は，水需要が相対的に多くなく，支流域単位の水需給関係が成立しており，本流への依存度が低く，水供給に余裕を持っている流域といえる。鬼怒・小貝川流域は，特に農業用の水需要がきわめて多く，本流への依存度が高く，都市用水源を流域外に頼るなど，水供給の逼迫した流域といえる。次節以下で

は，このように対照的な特性を有する両流域において，灌漑水利がそれぞれ具体的にどのような形態で，どのような体系によってなされているのかを事例研究を通して明らかにする。その際，既に明らかにした河川水利用にみられる定量的・空間的特性の差異を反映した事例を選定した。那珂川流域からは，比較的上流域に位置し受益面積も広く，支流河川の箒川から取水する西の原用水土地改良区連合の管轄区域を選定した。鬼怒・小貝川流域からは，本流に設けられた大規模な取水口と長大な用水路網によって広大な地域を灌漑している，鬼怒川南部土地改良区連合の管轄区域を選定した。

4. 那珂川流域の西の原地区における灌漑水利体系

本節では，那珂川支流の箒川から取水し，那珂川右岸の909ha（2003年時点）の水田を灌漑している西の原用水土地改良区連合の管轄区域（以下，西の原地区と呼ぶ）を事例に，用排水体系や用水利用形態と，その歴史的変遷について論じる。その際，西の原地区の用排水体系を大きく変化させたのが，1966年から1974年にかけて実施された栃木県営西の原用水改良事業であったことから，この事業の前後における用排水体系や用水利用形態を比較することとする。

4.1 西の原地区における用水改良事業以前の用排水体系

西の原地区は，栃木県の旧小川町（現那珂川町）と旧烏山町（現那須烏山市）にまたがる6つの土地改良区の受益区域から成る（後掲図Ⅳ-7参照）。栃木県農務部土地改良一課・西の原用水土地改良区連合編（1974）によると，この地域で最初に開田されたのが，小川土地改良区の範囲であり，天保年間（1830～44年）に加賀や越中からの移住者によって小川用水が開削され，稲作が始まった。

小川第一土地改良区の範囲にあたる権津川以北の地域の開墾は，1881（明治14）年から始まった。しかし当初は水利の便が悪く，水稲の収量は低かった。当時の「水路開鑿測量ノ儀ニ付願」によると，この地域は「従来水利ニ乏シク」，そのため「疏水ノ工ヲ経ルニ非ザレバ到底水田ヲ得ル能ハズ」という状況であっ

た（栃木県農務部土地改良一課・西の原用水土地改良区連合編，1974）。そこで1888（明治21）年に水源を現在の大田原市福原地先に求め，約8kmに及ぶ用水路を開削する計画が立てられ，1892（明治25）年に完成した。これが西の原用水である。

これら2つの用水路は，後述の栃木県営西の原用水改良事業が行われる1960年代後半まで，権津川以北の水田に対して，農業用水を供給していた。

1960年頃の西の原地区における用排水体系をみると（図Ⅳ-6），当時の西の原地区は，農業用水の水源別に4地域に区分できる。まず権津川以北の地域は，小川用水の灌漑地域と西の原用水の灌漑地域に分けられる。この地域は，地形的には，那珂川が形成した河岸段丘上に位置し，西の原用水が灌漑する西側の段丘面に対して，小川用水が灌漑する東側の方が低くなっている。また北から南へも緩勾配で標高が低くなっている。したがって，両用水は，それぞれの灌漑地域の西端を北から南へ流下し，西から東へ延びる支線網によって自然流下式に農業用水を供給した。西の原用水灌漑地域における余排水の一部は，箒川あるいは小川用水へ流出し，小川用水灌漑地域の用水源となった。また西の原用水の残水は権津川へ流出していた。

権津川以南の地域は，権津川の表流水を水源とする地域と，山地斜面からの湧水あるいはため池を水源とする地域に分けることができる。権津川灌漑地域は，権津川に2カ所設けられた小規模な取水口から用水を得ており，これらは慣行水利権に基づくものであった。一方，山麓に沿って南北方向に広がる地域は，那珂川の河床より標高が20〜30m高く，地域内に水源となりうる支流河川も存在しないので，農業用水は山地斜面からの湧水と，降水や湧水を貯留した小規模なため池群を水源としていた。しかしながら，これらのため池群は，降水という自然現象に大きく依存している以上，貯水量が不安定であり，灌漑期に降水量が不足すると深刻な水不足となり，干ばつの被害を受けることが度々あった。また水源水量が少ないため，用排水を兼ねた土水路も浅く，幅が狭いものであり，逆に降水量の多い時は周辺が浸水被害を受けた。このような水利事情の改善は，西の原地区における積年の課題であった。

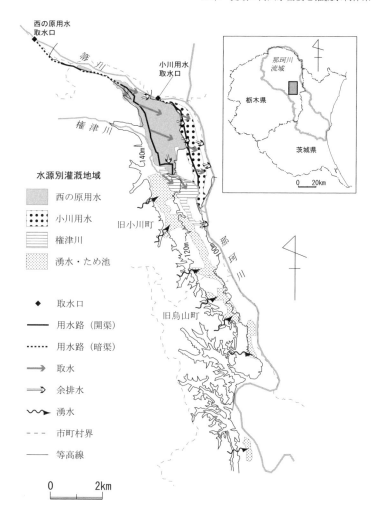

図Ⅳ-6　西の原地区における用水改良事業以前の用排水体系（1960年頃）
西の原用水土地改良区連合の資料および聞取り調査より作成

4.2　西の原地区における用水改良事業による用排水体系の変化

　栃木県営西の原用水改良事業は，老朽化が甚だしかった西の原，小川の両用水路の改良と，権津川以南の農業水利事情の改善を目的として，1953年に小

川町と烏山町（当時）の間で初めて協議され，1963年には全体事業計画が完成し，1966年12月に着工された。この事業は1974年3月に竣工した。旧西の原用水取水口の位置に，新たに西の原頭首工が建設され，そこから18.9kmに及ぶ幹線用水路と旧小川用水への連絡用水路が整備された（図Ⅳ-7）。

西の原頭首工の許可水利権は，4月1日から30日までが$1.000m^3/s$，5月1日から31日までが$3.451m^3/s$，6月1日から9月30日までが$4.410m^3/s$，そして非灌漑期の10月1日から3月31日までが$0.300m^3/s$である（2003年時点）。最大取水量の$4.410m^3/s$は旧西の原用水の取水量$3.300m^3/s$に旧小川用水の取水量$1.110m^3/s$を加えたものである。そしてこの事業によって小川用水の取水口は廃止された。

幹線用水路のうち，西の原頭首工からの暗渠部と小川第一土地改良区内の開渠部は，かつての西の原用水を拡幅・改修したものである。小川土地改良区内を流れる用水路も，既存の小川用水を拡幅・改修したものであり，連絡用水路を通じて幹線用水路から分水されている。幹線用水路は権津川を逆サイフォンで横断した後，隧道の中を流れ，灌漑地域の末端に至っている。小川第二土地改良区ならびに烏山北部土地改良区の受益者は，隧道内に分水口を設け用水を引き入れている。権津川用水と小川町吉田の両土地改良区は，幹線用水路から直接取水していないが，小川第一と小川第二の両土地改良区からの余排水を利用している（図Ⅳ-7）。

前述の通り，西の原頭首工の最大取水量は，旧西の原用水と旧小川用水の取水量を加えたものであるが，受益区域は元の両用水のそれと比較して大幅に拡大し，権津川以南にも及び，ここに6つの土地改良区が組織されている。小川第二と烏山北部の両土地改良区では，従来の湧水・ため池灌漑が行われた状況と比較すると飛躍的に水利事情が改善され，この事業を契機に新規開田も活発になされた。取水量が同じであるにもかかわらず灌漑面積が大きくなった理由としては，用水改良事業によって，用水路からの漏水が少なくなったことと，より効率的に用水が利用できるようになったことが挙げられる。

図Ⅳ-8は，用水改良事業によって新たに河川灌漑地域へ編入された，小川第二土地改良区内の片平地区における現在の用排水体系である。用水改良事業

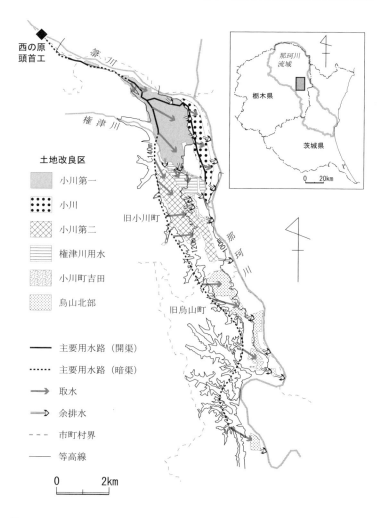

図Ⅳ-7 西の原地区における土地改良区別受益区域と用排水体系（2003年）
栃木県南那須農業振興事務所および西の原用水土地改良区連合の資料より作成

に加えて，1970〜73年にかけて実施された圃場整備事業によって，現在では地区内の農地の大部分が水田となり，東西方向に延びる用水路とそれらに並行する排水路が整備されている。

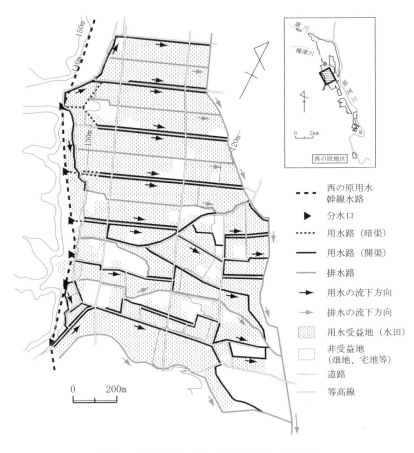

図Ⅳ-8 片平地区における用排水体系（2003年）
聞取り調査より作成

　片平地区には幹線用水路からの分水口が 6 カ所設置されている．各用水路は隧道の中を流れる幹線用水路から分水され，およそ標高 130 m 付近で地表面に現れ，その後は開渠として東へ流下する．受益地西端の水田は用水路より標高が高いため，各分水口に併設された揚水機によって用水が供給される．余排水の反復利用は片平地区内では行われず，その余排水は，一部が小川町吉田土地改良区の水田を灌漑する以外，すべて那珂川へ流れ出る．

用水改良事業と圃場整備事業の完了後，片平地区の農家は用水不足を被ることが少なくなった。たとえ一時的に用水量が不足しても2,3日経過すると，充分な用水が供給されるようになるため，湧水・ため池に依存していた頃と比較して，受益者の用水に対する不安は格段に解消された。

以上のことを要約すると，西の原地区では用水改良事業によって，それまで湧水やため池に用水を依存していた区域も河川灌漑地域へ編入された。それによって，より広大な範囲へ農業用水を安定的に供給できるようになった。これは，流域全体の水需要が相対的に多くなく，支流域単位の水需給関係が成立している那珂川流域において可能であったといえる。

5. 鬼怒・小貝川流域の鬼怒川南部地区における灌漑水利体系

鬼怒・小貝川流域では農業用水利用が過密状態にあり，本流に設定された大規模な特定水利権によって大部分が満たされている。特に鬼怒川で実施された，鬼怒川中部地区，鬼怒中央地区，鬼怒川南部地区の三大国営農業水利事業は，いずれも従来からの複数の取水口を大規模な頭首工の建設によって合口することで，既存受益区域に対する農業用水を一括取水し，合理的に配分しようとするものであった。

これらの事業が施工された鬼怒・小貝川中・下流域一帯では，1608（慶長13）年の伊奈忠次による鬼怒川と小貝川の流路の分離と豊田谷原の開墾，寛永年間（1624～44年）の伊奈忠治による常陸谷原の新田開発と農業用水整備，正保から明暦年間（1644～58年）にかけての山崎半蔵・奥平織部による市の堀用水の開削と新田開発などに代表される大規模な新田開発が実施されて以来，農業用水需要は大きい。しかし，急峻な山地帯から平坦な台地・低地への変換点にあたる鬼怒川中流では，河床に多量の土砂が堆積し，そのため，河道は広がり，その中を蛇行する流路は安定せず，流量の変動も大きかった。一方，下流では土砂流出と砂利採取による河床低下が生じていた。

このような状況下で中・下流域においては，従来のような河川から自然流入によって取水する小規模な取水施設では，十分な用水量を確保するのが困難で

あった。国営事業以前における鬼怒・小貝川中・下流域の水利組織は，十分な用水量の確保が困難で，他の水利組織との水利調整をめぐる対立や紛争が絶えなかった（脇阪ほか，1982）。3カ所の国営農業水利事業はいずれも，こうした取水上の問題を解決し，既存農地に安定した用水供給を実現することを目的とした。本節では取水口が3事業でもっとも下流に位置し，受益面積が最大の鬼怒川南部地区農業水利事業の受益区域に着目して，農業水利体系とその時系列的変遷について述べる。

5.1 鬼怒川南部地区における水利体系の変遷と現状

　鬼怒川南部地区農業水利事業は1965年に着工され，1975年に竣工した。この事業の受益区域は，栃木・茨城両県にまたがる7つの土地改良区が管轄する9,428ha（2003年時点）である（図IV-9）。この事業以前は，それぞれの土地改良区が自然流入による小規模な取水口を有していた。鬼怒川には上流から順に勝瓜口，大井口，吉田用水，江連用水，伊讃美ヶ原記念揚水の各土地改良区の取水口が設けられており，田川には絹，結城用水の各土地改良区の取水口が存在し，各土地改良区はそれぞれ個別の用水路による水利体系を有していた。

　上流の勝瓜口用水と大井口用水は，ともに16世紀に開削されたといわれている（農林水産省関東農政局利根川水系農業水利調査事務所編，1987）。勝瓜口用水の取水口は，現在の勝瓜頭首工とほぼ同じ位置に設けられていた。大井口用水の取水口はそれより6km下流に位置していた。伊讃美ヶ原地区は1915（大正4）年に伊讃美ヶ原記念揚水耕地整理組合によって開田され，現在の受益区域の北端から鬼怒川の水を汲み上げていた。

　田川を水源とした絹用水の受益区域では享保年間（1716～36年）に開田が進められた。結城用水は1180（治承4）年，結城城の堀へ引水するために開削され，同時に灌漑用水として利用されるようになった。

　鬼怒川南部土地改良区連合を構成する7つの土地改良区の中でもっとも下流に位置し，受益面積も広い吉田用水と江連用水は，いずれも享保年間の沼地干拓，新田開発に伴い，その新田への用水源として開削された。吉田用水は猿島と結城の両郡にまたがる飯沼干拓による新田開発と並行して1725（享保10）

IV章　流域の河川水需要と灌漑水利体系　73

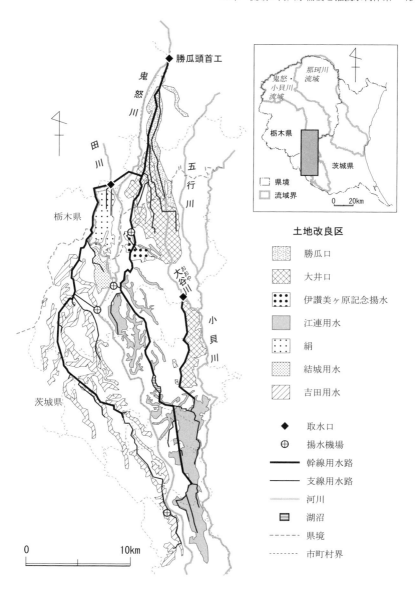

図IV-9　鬼怒川南部土地改良区連合の受益区域と主要用水路（2003年）
鬼怒川南部土地改良区連合の資料より作成

年に完成した。江連用水は現在の下妻市に存在した江沼と砂沼，大宝沼の干拓と新田開発に伴い，その新田と周辺の水田へ用水を供給するために1726（享保11）年に開削された。吉田用水の取水口は，大井口用水の取水口より4km下流の真岡市吉田地先に，江連用水の取水口はさらに2.5km下流の真岡市上江連地先にあり，ともに伊讃美ヶ原地区の取水口より上流に位置していた。

　1975年に竣工した鬼怒川南部地区農業水利事業によって，上記の7つの土地改良区の用水路は，真岡市勝瓜地先に建設された勝瓜頭首工を頂点とする幹線用水路網によって一元化された（図Ⅳ-9）。勝瓜頭首工の許可水利権は，苗しろ期にあたる4月1日から30日が$1.82m^3/s$，代掻き期に相当する5月1日から31日が$16.94m^3/s$，普通灌漑期とよばれる6月1日から9月25日が$18.95m^3/s$であり，非灌漑期の9月26日から3月31日までは取水が認められていない（2003年時点）。

　当初の事業計画における最大取水時の用水配分について述べると，勝瓜頭首工で取り入れられた$18.95m^3/s$の用水はまず，最上流の勝瓜口土地改良区で$3.37m^3/s$，大井口土地改良区で$5.58m^3/s$が使用される。その後旧二宮町(現真岡市)大道泉で右岸幹線への$3.10m^3/s$と左岸幹線への$6.90m^3/s$が分岐される。右岸側の用水は田川取水口から$7.51m^3/s$を取り入れ，それにカニ川，カッパ川の合流水$1.00m^3/s$を補給する。そして絹土地改良区で$3.90m^3/s$，結城用水土地改良区で$1.16m^3/s$が使用され，残りが吉田用水土地改良区で利用される。一方，左岸側の用水は伊讃美ヶ原記念揚水土地改良区で$1.87m^3/s$が利用された後に，江連用水土地改良区へ送られる。また，大谷川は勝瓜口，大井口両土地改良区で利用された農業余排水が流入して形成された河川であり，旧下館市（現筑西市）嘉家佐和地先に設けられた黒子頭首工で$3.00m^3/s$が取水されている。そのうち，$2.27m^3/s$が大井口土地改良区の小貝川沿岸地区で利用され，残り$0.73m^3/s$が江連用水土地改良区の受益区域へ流入している。その他，渇水等の緊急時に鬼怒川から一時的な取水を行うための揚水機場が3カ所設置されている。

　しかしながら，この当初の計画にしたがって配水されることは，実際にはほとんどなく，結果として毎年春季の田植期と夏季の出穂期には水不足となる。従来，田植は5月中旬から6月中旬までの約1カ月間に，上流側から下流側ま

で順次行われていたが，兼業化と農作業の機械化が進展したことにより，近年では田植期は4月下旬から5月上旬に集中するようになった．それは，鬼怒川南部地区だけではなく，より上流の鬼怒川中部地区や鬼怒中央地区でも同様である．したがって，最下流の鬼怒川南部地区の水利事情はもっとも悪くなる．

鬼怒川南部土地改良区連合内部では，受益区域内の幹線用水路や各分水施設の用水配分を一元的に管理する集中監視制御装置が，国営事業によって整備されたが，稼動後間もなく故障してしまった．これが当初の計画に則した配水が実現されない一因である．そのため，水不足時には7つの土地改良区の理事が参集し，水利調整委員会が開かれる．会議においては，上流優先の慣行が残存するため上流側の受益者の発言力が強く，十分な調整は困難であり，結果として深刻な用水不足を被るのは下流側の受益者である．

このような水不足問題は，国営事業竣工後にむしろ恒常化したといえる．つまり下流側の受益者にとって，国営事業による水利体系の一元化は，必ずしも水利事情の改善にはつながらなかったのである．そのため，鬼怒川南部地区最下流に位置し，受益面積も大きい吉田用水と江連用水の両土地改良区の受益区域内には，水不足時に地下水や農業排水を汲み上げるための簡易揚水機場が数多く設置されている．

図Ⅳ-10は江連用水土地改良区における揚水機場の分布である．江連用水土地改良区の受益区域は，県営および団体営の圃場整備事業が実施された地区などを単位として18地区に分けられ，各地区内で維持管理委員会が組織されている．これが用排水施設の維持管理をしたり，地区間で水利調整を行ったりしている．図Ⅳ-10はその地区ごとの揚水機場数である．それらは総計で197になるが，砂沼以南の地域に集中する傾向にあり，これは用水路の末端に近づくほど水利事情が悪いことを反映している．

黒子幹線用水路末端の計画流入量は，先述のように0.73m^3/sであるが，実際には毎年0.10から0.40m^3/s程度の水量しか流入しない．それは黒子頭首工の取水量が不足しても，大井口土地改良区での使用量が制限されなかったりするなどの理由からである．一方，左岸幹線用水路においても同様であり，砂沼へ流入する水量は計画水量よりも常に少ない．そのため，砂沼以南の地域では毎

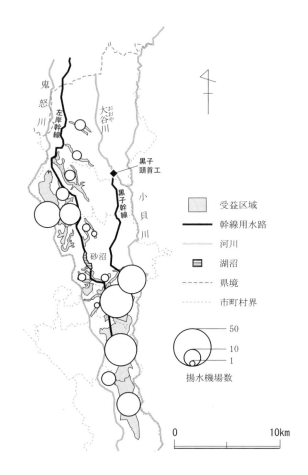

図Ⅳ-10 江連用水土地改良区における地区別揚水機場数（2003年）
江連用水土地改良区の資料より作成

年4月下旬から5月上旬の田植期と，7月下旬から8月上旬の出穂期に，上流側と下流側とで1日おきの番水が実施される。このような番水制と地下水や排水を汲み上げる揚水機場の利用によって，砂沼以南の地域において最低限必要な用水量がようやく確保されている。

　揚水機場の建設費用については，当該地区の受益者が60％，江連用水土地

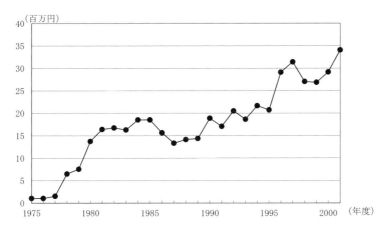

図Ⅳ-11　江連用水土地改良区における揚水機電力料の推移
江連用水土地改良区の資料より作成

改良区が40%を負担する。そしてそれらを稼動するための電力料については，全額を江連用水土地改良区が負担している。揚水機場は水不足時の補給用として建設されたものであるので，水不足が生じなければ稼動しない。しかしながら，国営事業が竣工した1975年からの電力料の推移をみると，一貫して増大しつづけている（図Ⅳ-11）。この結果は，国営事業竣工後にむしろ，水不足が深刻化し，揚水機場の新規建設が盛んになり，それが現在まで継続していることを表している。1984年には揚水機場数は101であったことから（久保田，1994），2003年までにほぼ倍増したことになる。

5．2　中三坂地区における水利事情

　幹線用水路末端地域における水利事情を明らかにするために，旧水海道市（現常総市）中三坂地区における国営事業前後の用排水体系の変化を分析する。1960年頃の中三坂地区の水田は，江連用水に設けられた3カ所の分水口から延びる支線用水路によって灌漑されていた（図Ⅳ-12）。江連用水は，受益地よりも標高が若干高いところを流れており，それぞれの支線用水路は，自然勾配を利用して用水を引き入れていた。中三坂地区は江連用水の灌漑地域の中で

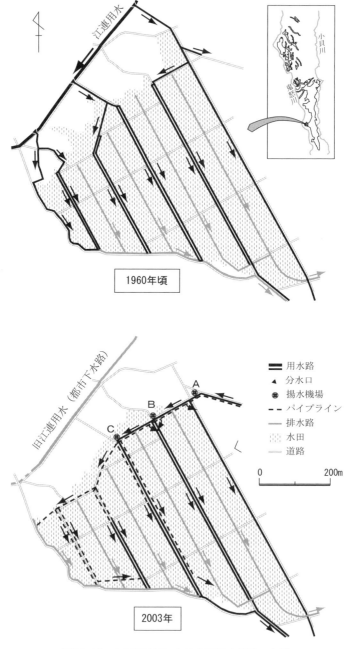

図Ⅳ-12　中三坂地区における用排水体系の変遷
聞取り調査より作成

は下流に位置するため，当時から水不足をきたすことがあった。とはいえ，近年ほど用水不足は深刻ではなく，緊急の際の補給水源を必要とするほどの状況ではなかった。

1975年に竣工した国営事業と付帯県営事業によって従来の江連用水は廃止され，新たな用水路が建設された（図Ⅳ-12）。江連用水は1987年から開始された排水整備事業によって，都市排水が流入する下水路となった。現在の用水路は，旧江連用水と比較して標高が約1.5 m低い。しかも，中三坂地区より標高の低い東側から同地区へ流入してくる。このように用水路は逆勾配であるため，満水位の80％以上の水量が維持されていないと，自然流下によってすべての支線用水路へ用水が供給されない。国営事業竣工後数年間は充分な水量が維持されていたが，前節で述べたような上流側の受益区域での取水が行われるようになると，水量は次第に減少し，自然流下による支線用水路への給水が不可能となった。

そこでまず1977年に図Ⅳ-12のAとCの位置に，北東から南西へ流れる用水路から用水を汲み上げ，南東方向へ流れる支線用水路へ送水するための揚水機場が設置された。これらについては江連用水土地改良区が30％，市が40％，受益者が30％負担して建設された。しかしこれらの揚水機場は用水路の水量自体を増やすものではなく，水利事情はさほど改善されなかった。

その後1985年に同じくAとCの位置に，市が100％の費用負担をし，深さ60 mの深井戸が掘削された。同時に，地下1 mの位置を通るパイプライン網も整備された。深井戸から揚水された水は，用水路へ放流されるものとパイプライン網へ供給されるものに分けられた。受益地の東側では，パイプラインは北東から南西方向の用水路沿いのみに造られ，パイプラインの水が南東方向の支線用水路へ放流された。受益地の西側は，標高が相対的に高く水利事情が悪かったので，南東方向の支線用水路沿いにもパイプラインが設置された。

パイプライン網の整備後も水利事情は依然として改善されなかったため，1999年には，新たにBの位置に，深さ約200 mの深井戸が掘られた。費用負担の割合は，江連用水土地改良区が40％，市が20％，受益者が40％であった。Bの井戸は，A，Cの2井戸と比較して水量は潤沢であるが，毎年代掻き前の

揚水開始日には，用水に砂が混入するため，その除去作業が必要である。江連用水土地改良区がその費用の全額を負担している。揚水開始2日目からは清浄な用水が取水できる。

さらに2000年には，県営広域農道整備事業によって，Cの揚水機場が道路用地にかかるため約4m西へ移動しなければならなくなった。これを契機に，茨城県と江連用水土地改良区が費用負担し，深さ120mの井戸を新たに掘削し，砂の混入を防ぐ濾過装置も整備した。

これら3カ所の揚水機場は，当初は既存用水に対する補給水源として建設されたものであった。しかし近年ではむしろ，揚水機場とパイプラインによる灌漑の方が主となり，毎年灌漑期間中は，3揚水機場が常時稼働し，水田に用水を供給している。西側の受益地では図Ⅳ-12のように，既存の支線用水路が廃止され，パイプラインによる灌漑へ完全に移行している。

以上，鬼怒・小貝川流域では，広大な水田地域へ効率的に用水を供給することを目的とした大規模な農業水利事業が実施された。頭首工の建設によって複数の取水口が合口され，新たな取水口から延びる長大な幹線用水路によって一元的に用水を供給する体系が形成された。しかしその結果，水利体系の末端に位置することとなった受益者は，恒常的な用水不足に直面するようになり，地下水や排水の反復利用といった表流水以外の水源への依存度をより高めることとなった。

6. おわりに

本章はまず，那珂川流域と鬼怒・小貝川流域の河川水利用の定量的・空間的特性を，水利権に関するデータから解明した。その結果から，那珂川流域では，農業用水，都市用水ともに増加し続けているものの，現在のところ流域全体の需要量は相対的に多くなく，本流への依存度は依然として低く，支流域単位の河川水需給体系が維持されていることが明らかとなった。一方，鬼怒・小貝川流域では，鬼怒川本流の上流域に限られた水源地域が全流域に用水を供給し，支流域は水源機能を持たない。したがって本流への依存度が非常に高く，流域

全体の過大な需要に対して，供給が逼迫していることが明らかになった。

次に，両流域からそれぞれ事例地域を選定し，灌漑水利体系とその形成過程を明らかにした。

那珂川流域では，1970年代から，上流域にダムが建設され始め，西の原地区では農業用水路の改良事業が進展した。その結果，農業用水の取水効率が向上し，灌漑地域の面積も増大し，それまで不安定な天水灌漑に頼っていた丘陵地の農地は，すべて河川灌漑地域に編入され，水利事情が飛躍的に改善された。これは，流域全体の水需要が相対的に多くなく，支流域単位の水需給関係が成立している那珂川流域において可能であったといえる。

一方，鬼怒・小貝川流域では，既得農業水利権の取水量が非常に多く，流域全体としても従来から水需給が逼迫していたといえる。そのため1960～70年代にかけて，農業用水をより効率的，合理的に取水することを意図した大規模な農業水利事業が行われた。その結果，本流に設置された大規模な頭首工から流域の広大な水田地帯へ一括して用水を供給するシステムが形成された。しかしながら，これによってむしろ，鬼怒川南部地区の用水路の末端部では用水不足をきたすようになり，利水者は地下水や排水の併用を強いられるようになった。中三坂地区の一部水田のように，パイプラインによる地下水灌漑へ完全に移行した地域もみられ，受益者の経済的負担も増している。

ある地域がどのような灌漑水利体系を有するのかは，その地域が属する流域スケールでの河川水需給の定量的・空間的なバランスによって大きく規定される。したがって，ある土地改良区や，ある自治体における水利の問題は，その当該地域だけの問題ではなく，流域全体の問題として捉えられなければならない。

那珂川流域は，流域全体の水需要が相対的に多くなく，自流域内での安定した河川水利用を実現している。西の原地区の事例は水利事情が改善された成功例とみなせるであろう。しかし，用水路と排水路が明確に区分され，一度取水された用水は，余排水の再利用などによって最大限に使用されることなく下流へと流出するようになった。また那珂川流域においては，近年の農地造成による新規水需要の発生が，ダム建設に直結しているという傾向もある。要するに

那珂川流域では，水資源の効率的利用が重要視されることなく，新規水資源開発が進展していると指摘できる。今のところ大きな水利問題には発展していないものの，たとえ個別の地域として水資源が増強され水利事情が改善されたといっても，流域全体としての水需給バランスが維持されなければ，水利システムは破綻するであろう。

　一方，農業用水需要がきわめて大きい鬼怒・小貝川流域では，大規模な農業用水合理化事業が行われたが，幹線用水路の末端に位置する地域では，水利事情がかえって悪化する結果となった。この原因として考えられるのが，上流の受益区域と下流の受益区域との間に慣行的に存在していた還元水の反復利用システムの消失である。鬼怒川南部地区に属する従来の7土地改良区は，それぞれ河川に独自の取水口を有していた。そして上流で取水された用水は上流側の水田を経て，もう一度同一河川へ還元水として流出していたはずである。それも含んだ河川水が下流でもう一度取水されることで，水需要の大きい流域にあっても，灌漑水利のシステムがある程度維持されてきたのであろう。しかし合理化事業によって幹線用水路から取水されるようになった用水は，還元水として同一の水路へ戻ってくることはない。したがって，たとえ上流側の受益者の取水量に変化がなくても，下流側が利用できる水量は自ずと減少することになる。

　それに対して，用水不足が生じた末端地域において，新たな井戸の掘削やパイプラインの整備が行われた。しかし，問題が生じている当該地域における対応だけでなく，流域全体の水需給が逼迫している現状に鑑み，より広範な上流と下流の関係から原因を分析し，その対策を講じなければ根本的な解決策にはならない。

[注]
1) 水利権は法的な手続きを経て取水が認められている許可水利権と，必ずしも法的手続きを経ていないものの，1896年の旧河川法制定以前から農業用に長年使用されてきたために，引き続き取水が認められている慣行水利権とに分けられる。そのうちここでは，許可水利権を分析対象とする。なぜなら慣行水利権は，両流域では1件あたりの取水量が0.01m³/s程度と小規模であり，またその取水量や受益

面積等が必ずしも厳密に確定されていないからである。
2) 許可水利権は，取水量あるいは受益対象の規模によって，特定水利権，準特定水利権，その他の水利権に三分される。そのうち特定水利権とは，①発電用で最大出力1,000kW以上のもの，②水道用で1日最大取水量が2,500m^3以上，または給水人口が10,000人以上のもの，③工業用で1日最大取水量が2,500m^3以上のもの，④農業用で最大取水量が1m^3/s以上，または灌漑面積が300ha以上のものの4条件のうち1つを満たすものである。

[参考文献]

秋山道雄 1980．高梁川水系における水利問題と水利秩序の変革．地理学評論 53：679-698．
秋山道雄 1988．水利研究の課題と展望．人文地理 40：424-448．
伊藤達也 1989．大都市近郊土地改良区における水管理構造と水利用形態の変化－木曽川下流，宮田用水土地改良区を事例に－．経済地理学年報 35：23-46．
久保田治夫 1994．『江運用水史』江運用水土地改良区．
白井義彦 1979．芦田川水系における水利転用．兵庫教育大学研究報告 1：15-28．
白井義彦 1987．『水利開発と地域対応』大明堂．
新沢嘉芽統 1955．『農業水利論』東京大学出版会．
新沢嘉芽統 1962．『河川水利調整論』岩波書店．
高木正博 1987．大利根用水地域における都市化と農業水利．駒沢地理 23：1-14．
田林 明 1981．北陸地方における農業水利の空間構造．地理学評論 54：295-316．
田林 明 1982．北陸地方における農業水利の空間構造の形成過程．人文地理学研究 6：1-28．
栃木県農務部土地改良一課・西の原用水土地改良区連合編 1974．『西の原用水』栃木県農務部土地改良一課・西の原用水土地改良区連合．
農林水産省関東農政局利根川水系農業水利調査事務所編 1987．『利根川水系農業水利誌』社団法人農業土木学会．
原 秀禎 1984．日本における農業水利研究－その地理学的アプローチ－．立命館文学 463・464・465：69-127．
南埜 猛 1995．都市化地域における農業水路の利用と管理－広島市川内地区を事例として－．人文地理 47：113-130．
森滝健一郎 1966．河川水利秩序の諸類型．地理学評論 39：757-786．
山崎憲治 1985．中川流域，葛西用水路における農業用水合理化事業と農民の対応．経済地理学年報 31：24-43．
脇阪銃三・角田政明・北尾輝夫 1982．鬼怒川水系における水利調整と水利組織について．水と土 48：21-31．

V章　水道用水供給システムと流域の地域的条件

1. はじめに

　前章では，流域という地域スケールに着目して，河川水利用の定量的・空間的特性を解明し，具体的な事例地域での灌漑水利体系の差異を，それと関連づけながら比較考察した．それに対して本章では，都市用水の水利体系に焦点を当て，事例とした都市における水道用水供給システムや水利事情の実態を明らかにし，その都市が含まれる流域全体の，水需要や水資源容量といった水の量的側面に関わる地域的条件との関係について分析する．

　都市用水の水利体系に関する従来の地理学ならびに関連諸学の研究を展望すると，前章でも述べたように，水利調整に関する一連の研究が，それまで農業用水で占められていた河川水利に都市用水が本格的に参入してくる高度経済成長期以降に盛んとなり，1980年代前半までに一定の蓄積をみた（秋山，1988）．当時の水利問題の主役は農業水利の側であり，都市用水需要の増加に対して，農業水利秩序がどのように変化してきたか，あるいは農業水利に支配されていた河川水利にどのように都市用水が参入していくかが主な議論の対象であった．しかしながら，現在の河川水利の特徴は，都市用水が政治的主導権を握り，ダムや河口堰といった近代的土木技術が卓越し，農業用水需要だけでなく，都市用水需要さえも量的に停滞傾向にあることである．

　そのような中，河川水利の現代的課題として取り上げられるようになってきているのは，渇水時における水資源の確保と水利調整であり，特に全国的な渇水に見舞われた1994年以降，切実な課題としてさまざまな分野で議論されて

いる。例えば，志村（1996）は，ダムに依存する都市人口の増加が渇水問題を深刻化させると述べ，渇水対策として，一時的水利転用を制度化すること，都市において排水の再利用システムを日頃から整備しておくことなどを挙げた。伊藤（2001）も，木曽川水系の水利システムの問題点を検討し，渇水対策として，ダム等の水源施設をさらに整備し，渇水時にも余裕のある水量を確保する方向と，水源は拡大せず，既存水利権を調整（農業用水の一時的水利転用など）することにより対応する方向に加え，節水型都市の確立や現行の基準点流量規制に基づく水利システムの改革が考えられると述べた。

　また，現在の都市用水利用の特徴として挙げられるのは，横浜市や福岡市，高松市などといった大河川流域にない大都市において，流域変更や流域外導水路による河川水利用が広く行われていることである。佐藤・佐土原（2006）は，水の需要地としての都市域とその水源流域を含めた地域概念として「拡大流域圏」という語を用いている。このような流域圏という捉え方は，都市の増加する水需要を満たす上では，ある程度はやむを得ないといえるが，水需給圏の過剰な広域化は，森滝（2003）のいう「遠い水」への依存による「近い水」の荒廃をもたらすこととなる。したがって本章のように，都市の水道用水事情を分析する場合，まずその都市が含まれる流域に着目して，地理的諸条件との関係を考察することが必要である。

　このような現代的状況をふまえた水利調整や都市用水の安定確保のための議論を推進するような，流域スケールでの環境情報の蓄積や分析方法論の提示が新たに求められているといえよう。こうした中，流域という地域単位に着目しデータ解析を行う研究は近年盛んになっており，それは，GISやリモートセンシングといったコンピューター解析ツールの普及と，デジタル化された空間データの整備・公開の進展によるところが大きい。

　まずDEM（数値標高モデル）を用いた流域地形解析の事例としては，中山（1998）などがある。中山は阿武隈山地を対象に，DEMから抽出した流域区分ごとに11の地形特徴量を計測し，多変量解析によって類型化した。

　土地利用に着目したものとしては，たとえば杉森・大森（1996）が，多摩川中下流域を対象に細密数値情報の土地利用データを用いて，1kmメッシュご

とに修正ウィーバー法によって土地利用組合せ類型を抽出し，その変化パターンを解析した。また，杉森（2004）は，多摩川水系の3つの支流域を対象に，DEMと細密数値情報を組み合わせて，標高や傾斜による土地利用変化パターンを導出した。王尾・鈴木（2001，2002）は，那珂川流域の主要な8支流域について，国土数値情報の地形データと土地利用データを集計し，那珂川流域全体における上流から下流へのそれらの変化を把握した。

　これらに加え，流域の様々な環境条件を包括的に扱い，総合的な流域の環境特性を解明しようとした研究もある。李ほか（1989）は，多摩川中流域を対象に，500mメッシュ単位で地質，地形，土壌，植生，土地利用，人口密度に関するデータベースを構築し，多変量解析によって流域の地域区分を行った。王尾（2008）は，那珂川，鬼怒・小貝川，霞ヶ浦の各流域を対象に，明治期から現在にかけての土地利用変化データを作成し，標高，地形分類，地質，土壌のメッシュデータを変数とした多変量解析によって導出された類型地域や河川からの距離帯ごとに，土地利用変化の特徴を明らかにすることで，水系構造からみた流域全体の景観特性を解明しようとした。

　以上に挙げた研究はいずれも，景観としての流域に着目し，人間活動と自然環境との関係を客観的なデータ解析によって空間的・可視的に把握しようとしたものであり，流域の環境保全や環境管理計画への適用を意図している。

　他方，河川の水質を流域の環境条件と関連づけて分析した研究も蓄積されている。井上ほか（2000），鵜木ほか（2002）は，北海道の農地が卓越する流域において，河川の水質と流域の農地や畜産農家の分布，河畔の土地利用，融雪の水質との関係を分析した。嶋・堤（2004）は，青森県駒込川の田代集水域を事例に牛の放牧と草地の利用が河川水質に及ぼす影響を検討した。小口ほか（2004）は，関東〜中部日本の主要河川の懸濁物質濃度のデータとその観測地点上流部の地形，土地利用，人口密度のデータから，懸濁物質濃度の空間分布とその規定要因を検討した。木村・岡崎（2008）は，多摩川流域を対象に，河川からの距離により土地利用が河川水窒素濃度に与える影響が異なるかを検証した。

　ここで挙げたものをはじめとする流域環境解析に関する従来の研究によっ

て，地形や土地利用，地質，植生，水質などに関する流域スケールでのデータベースの整備や因子生態学的な類型地域構造の把握，指標間の関係解析などは，ある程度進展してきたといえる。このような流域環境特性の分析は，流域の水資源容量や水需要を推し量る手段としても有効であるといえるが，従来の研究では主に，流域の景観や水資源の「質」に関する議論はなされているものの，水資源の「量」に言及したものは少ない。

2. 研究の目的と方法

そこで本章では，都市の水道用水供給システムとその時系列的変遷を明らかにし，その都市が含まれる流域スケールからみた，地域的条件との関連性を分析することを目的とする。その際，流域水需給の量的側面の把握に主眼を置いた地域的条件の分析手法を提示する。

具体的な事例地域としては前章と同様，互いに隣接し面積も類似している那珂川流域と鬼怒・小貝川流域を選定し，両流域の下流に位置する水戸市と水海道市[1]を取り上げ，比較考察を行う。一般的に，ある河川の流域における河川水利用に関しては，下流より上流の利水者の方が，そして後発の都市用水より既存の農業用水の方が有利といわれている。したがって，下流の都市用水事業体はもっとも不利である。本章では，そのような一般的に利水条件の不利な都市における水道用水供給システムについて分析し，比較考察することを意図している。

研究方法としてはまず，流域内水道事業体の水源別取水量のデータと水道水源に関する資料から，流域規模での水道用水需給の空間的特性を概観する。そして事例として取り上げた水戸市と水海道市において，現地での聞取り調査および資料収集によって，水道用水の水源と取水口の位置，水源別取水量，給水人口，普及率，給水区域，給水系統などの現状とその時系列的変遷の詳細を明らかにする。それによって，それぞれ互いに隣接する同規模河川の下流に位置する両都市において，都市化と人口増加に伴う水需要の増大に対して，それを満たすためにどのような方策を実施してきたかを比較考察する。

次に，両都市が含まれる那珂川流域と鬼怒・小貝川流域に関して，流域の地域的条件について分析する。ここでは，地形，土地利用，水利権という3つの指標を取り上げ，流域スケールでの定量的，空間的特性について解析する。地形データは，国土地理院発行の「数値地図50mメッシュ標高」を用いた。土地利用データとしては，国土交通省の国土数値情報土地利用メッシュ，水利権データは，国土交通省常陸工事事務所，同下館(しもだて)工事事務所，茨城県と栃木県の河川課から得た。

地形に関しては，流域の水資源容量との相関が指摘できる。例えば田林（1990）は北陸地方の3つの扇状地において，流域の水資源容量と標高との関係を分析した。さらに，ある流域内における山地や台地，低地などといった地形特性は，森林や農地，都市的土地利用の分布とも無関係ではなかろう。しかし近年，中山（1998）などのように，DEMを用いた流域単位による地形計測の研究が進展しているものの，流域の地形特性が，流域の水需給や水利体系とどのような関係を有しているのかという考察はなされていない。

また，従来の地理学における土地利用分析は，現地調査や地形図の判読に基づく小スケールのものか，大スケールであっても市町村などの既存統計の集計単位に制約されたものが多かった。しかしながら前述のように，GISの普及やデジタルデータの整備により，ある程度の地域スケールを対象とし，既存集計単位にとらわれない自由な単位地区設定に基づく土地利用分析が可能になった。流域の河川水需要の主要な部分を占める農業用水の需要地である農地や，都市用水の主要な需要地である市街地の分布は，水需要の空間的な配分にも強く影響を及ぼす要素である。また，Buttle（1994）やWang（2001），小口ほか（2002）などが指摘しているように，河川の水資源容量にとって，流域の土地利用分布が重要な規定要因であることも実証されている。つまり，土地利用は，流域の水供給にも水需要にも大きく関わっていると考えられるため，その分析は重要である。

さらに本章では，流域の水需要を全体的に把握できる指標として水利権のデータも分析する。原則として河川水を利水目的で使用するためには，河川法に基づき，河川管理者へ申請し許可され水利権を得なければならない。したがっ

て，そのような水利権のデータは，河川の流域のような広大な範囲の水利用を網羅的に分析するのに適している。本章では，その水利権のデータにある農業用，水道用，工業用，その他の各用途別の取水量と取水口の位置から，那珂川流域と鬼怒・小貝川流域の河川水利用全体の定量的・空間的特性についても分析する。

3. 流域内水道事業体の水道水源

まず，那珂川，鬼怒・小貝川両流域内に取水口を有する水道事業体が，いつ，どこを水源として水利権を獲得したのかをみることで，流域内の水道用水に関わる河川水需給体系について概観する。これについては前章で，農業用や工業用も含めて取水規模の大きい特定水利権に関して包括的に述べているが，ここであらためて水道用水のみを取り上げ表に整理した（表 V-1）。

那珂川流域には 13 件の水道用特定水利権がある。那珂川本流に取水口を有するものが 9 件を占め，そのうち上流のものは深山（みやま）ダムを水源としているが，下流のものは那珂川の自流を水源としている。1980 年代に支流で取得された 3 件の水利権はいずれも同支流の上流に建設されたダムを水源にしている。前章でも述べたが，このように新規水需要を支流での水資源開発によって賄ってきたことは那珂川流域の特色の 1 つといえよう。

一方，鬼怒・小貝川流域内の水道用特定水利権は 7 件である。うち 3 件は上流域の中禅寺湖から流れる支流である大谷川（だいや）の自流を水源とする。鬼怒川上流に立地する川治（かわじ）ダムを水源とするものが 3 件あるが，うち 2 件は鬼怒川中流で取水され，宇都宮市とその周辺地域に水道用水を供給している。下流の茨城県側には先述のように，特定水利権のみならず，そもそも水道用水源としての表流水の取水がない。

次に図 V-1 は，給水人口 5,001 人以上の上水道における水源別取水量を示している。図中の浄水受水とは県による広域水道用水供給事業からの給水を指す。那珂川流域では，取水量の小規模な市町村は地下水を専ら水源とするものが多く，それらは主として中流域に分布する。そして上流域の市町村では中流域よ

表V-1 那珂川流域と鬼怒・小貝川流域の水道用特定水利権一覧（2002年）

	水利権名	支流域名	取水口位置	最大取水量（m³/s）	水利権取得年	水源
那珂川流域	水戸市水道		那珂川下流	1.641	1958	自流
	ひたちなか市水道		那珂川下流	0.441	1962	自流
	茂木町水道		那珂川中流	0.062	1966	自流，東荒川ダム
	栃木県北那須水道		那珂川上流	0.600	1970	深山ダム
	那珂町水道		那珂川下流	0.039	1972	自流
	大洗町水道		那珂川下流	0.060	1981	自流
	矢板市水道	荒川	宮川	0.001	1981	寺山ダム
	塩谷町水道	荒川	荒川	0.110	1982	東荒川ダム
	茨城県中央広域水道	涸沼川	涸沼川	0.300	1986	飯田ダム
	茨城県中央広域水道		那珂川下流	0.343	1989	自流，霞ヶ浦導水
	黒磯市水道		那珂川上流	0.200	1990	深山ダム
	西那須野町水道		那珂川上流	0.090	1990	深山ダム
	黒磯市水道	木の俣川	木の俣川	0.016	1990	深山ダム
鬼怒・小貝川流域	日光市水道	大谷川	荒沢川	0.139	1953	自流
	藤原町水道		鬼怒川上流	0.375	1963	川治ダム
	宇都宮市水道		鬼怒川中流	1.244	1976	川治ダム
	鬼怒水道用水供給事業		鬼怒川中流	0.470	1981	川治ダム
	宇都宮市水道	大谷川	大谷川	0.167	1993	自流
	今市市水道	大谷川	大谷川	0.167	1993	自流
	栗山村水道	男鹿川	三河沢川	0.035	1998	三河沢ダム

国土交通省常陸工事事務所および下館工事事務所の資料より作成

り取水量が多く，水源も表流水や地下水など多様である。下流域では，水戸市やひたちなか市などで表流水が大規模に取水されている。つまり那珂川流域では，下流域の人口規模の大きい市町村も那珂川の表流水を取り入れることができている。水道普及率も流域全体にわたって高く，大半の市町村で80％を超えている。下流域の水戸市，ひたちなか市も90％以上である。

一方，鬼怒・小貝川流域では上・中流域の日光市や宇都宮市などで表流水が取水されている以外は，すべての市町村が地下水と広域水道に依存している。那珂川流域と比較して明確な差異がみられるのは，下流域の茨城県側であり，全水道事業体が広域水道事業からの供給を受けている。これは当地域に表流水を取水する水道用水利権が存在しないという先述のこととも一致する。流域

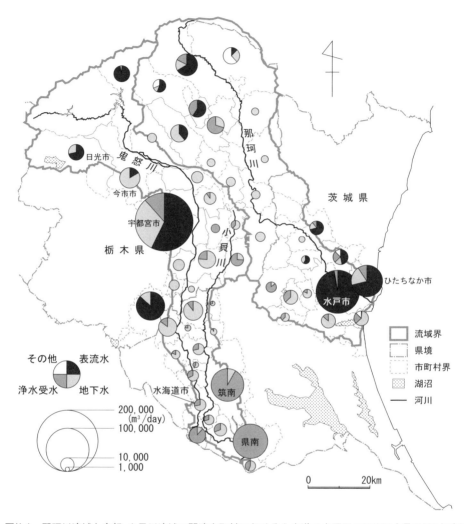

図V-1 那珂川流域と鬼怒・小貝川流域の関連市町村における上水道の水源別日平均取水量(1999年度)
栃木県環境衛生課「栃木の水道」および茨城県生活衛生課「茨城県の水道」より作成

　市町村の水道普及率は全般的に高くなく，上流の栃木県側の市町村では大半が90%を超えているが，下流の茨城県側では逆に80%以下の市町村が多数を占める。

鬼怒・小貝川下流域の水道事業体が用水供給を受けている広域水道事業は，1960年に給水を開始した茨城県南広域水道と1988年給水開始の茨城県西広域水道である。前者の水源は，霞ヶ浦，渡良瀬遊水地などである。後者の水源は，霞ヶ浦と奈良俣ダム，湯西川ダム，および八ッ場ダム事業に関連する暫定水利権である。

以上，本節では那珂川流域と鬼怒・小貝川流域全体の水道用水に関わる河川水需給体系について概観したが，互いに隣接し面積も類似しているこの2つの流域におけるその空間的特性は大きく異なることが明らかとなった。流域規模からみた両流域の水道用水需給の空間的特性をまとめると以下のようになる。

那珂川流域では，下流の茨城県側に多くの水利権が設定されており，自流域内の水源でそれらを充足している。上流の栃木県側では取水量こそ少ないものの，水道用水源を最寄りの支流の上流に求めている事例もある。鬼怒・小貝川流域においては上流域の大谷川流域では河川自流を水源としているが，中流域の市町村は上流の大規模ダムに依存している。下流には自流域内に水源を有する水利権が存在せず，流域外に水源を求める広域水道に依存している。以下では，このような流域規模での特性をふまえながら，それぞれの下流域に位置する水戸市と水海道市の水道用水供給システムの変遷とその特徴について詳しく述べる。

4. 水戸市における水道用水供給システムの変遷

水戸市で上水道の創設事業（全市水道事業）が始まったのは1930年のことである。当時，数度にわたる水質調査の結果，水源は那珂川の芦山地先の伏流水とされ，1932年に供用が開始された。取水された用水は芦山浄水場を経て，上市地区の高区配水塔，下市地区の低区配水塔へ揚水された。そして，両配水塔から当時の水戸市全域へ通水された。

これによって水戸市の水道普及率は1931年から翌32年の間に30.0%から81.4%にまで飛躍的に増加した（図V-2）。しかしその翌年には急激な人口流入に給水が追いつかず，水道普及率は60%台に下がってしまった。その後も数

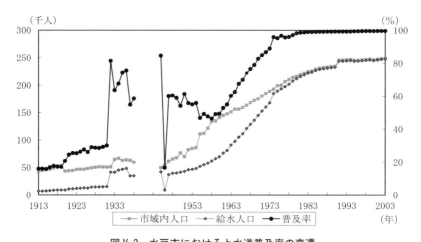

図 V-2　水戸市における上水道普及率の変遷
1939～44年はデータ欠損
『水戸の水道史　第一巻　歴史編』および「水戸市水道事業年報」より作成

年間，普及率が増減しており給水は不安定であった。

　第二次世界大戦の空襲で水戸市の水道施設も大きな被害を受けたが，1947年には普及率は60.0％まで回復した。しかし戦後の急速な市域拡大と人口増加に対し，給水人口は伸び悩んだ（図 V-2）。そのため1952年から第一期拡張事業が実施され，当初の芦山水源地のやや上流に枝内取水塔と浄水場が建設された。引き続き1962年からの第二期拡張事業では，枝内浄水場の浄水送水施設の増強と給水区域の拡大に伴う配水管の布設が実施された。そのために那珂川からの水利権も，1958年にそれまでの0.271m³/s から 0.526m³/s へ増加された（表 V-2）。しかしながら給水区域は当時の市中心部とその周辺に限られたものであった。

　1966年からの第三期拡張事業では，新たな取水口が枝内取水塔に併設された。また，市北西部の開江町(ひらくえ)と全隈町(またぐま)にまたがる山林に開江浄水場が建設された。新取水口からの用水は開江浄水場へ揚水され，最高区配水場などを経て，市の西部から南部の地域へ給水された。これによって給水区域は飛躍的に拡大した。この事業に併行して水利権の拡張も図られた。市は1965年に新たに

表 V-2　水戸市上水道における那珂川本流の許可水利権の推移

取得年月日	新規増減 (m^3/s)	累計 (m^3/s)	備考
1930 年 7 月 29 日	約 0.116	約 0.116	$10000m^3/day$ を m^3/s に変換
1957 年 3 月 4 日	約 0.155	0.271	
1958 年 10 月 22 日	0.255	0.526	
1968 年 7 月 8 日	0.167	0.693	うち，暫定水利権 $0.167m^3/s$
1971 年 3 月 31 日	-0.167	0.526	
1971 年 5 月 18 日	0.500	1.026	うち，暫定水利権 $0.276m^3/s$
1976 年 3 月 31 日	0.290	1.316	
1982 年 2 月 3 日	0.325	1.641	うち，豊水水利権 $0.325m^3/s$

『水戸の水道史　第一巻　歴史編』および水戸市水道部の資料より作成

　$0.834m^3/s$ の水利権の追加を茨城県に申請した。しかし県側は，河川維持用水確保の観点から取水量の増加に難色を示し，結局 1968 年に 1971 年 3 月までの期限付き水利権として $0.167m^3/s$ のみが許可された。第三期拡張事業を計画どおりに完了するためには，少なくとも $0.500m^3/s$ の取水量の増加が必要なため，市は 1971 年に再び水利権の追加を申請した。その結果，渡里台土地改良区の農業水利権放棄分 $0.224m^3/s$ と，将来的な水源手当てを必要とする暫定水利権 $0.276m^3/s$ の増加が許可された。これによって，許可水利権は $1.026m^3/s$ となった（表 V-2）。

　1974 年からの第四期拡張事業では，開江浄水場の拡充を実施するとともに，那珂川左岸を含む市北部一帯と南東部の上大野地区に給水していた 4 つの簡易水道を上水道の給水区域に編入した。これらの簡易水道はいずれも地下水を水源としていたが，上水道に編入されることによって水源は那珂川の表流水に変更された。その後，簡易水道の水源であった上大野ポンプ場は 1980 年に，国田ポンプ場は 1981 年に，柳河ポンプ場は 1995 年に，飯富ポンプ場は 1997 年にそれぞれ揚水を停止した。

　また，第四期拡張事業期間中の 1976 年には，水戸市は茨城県の藤井川総合開発事業に 22.5％の費用負担をすることによって，当初の暫定水利権 $0.276m^3/s$ を確保するとともに，新規に $0.058m^3/s$ の水利権を得た。さらに，茨城県営

那珂川工業用水道の余剰水 0.232m³/s も水戸市上水道の水源として振替えることができた。この結果，那珂川からの許可水利権は合計で 1.316m³/s に増加した（表 V-2）。

　1980 年からの第五期拡張事業では，水道専用の人工貯水池である楮川（こうぞがわ）ダムを築造し，それに併設した浄水場も建設された。楮川ダムは総事業費 178 億円を費やし，那珂川支流の田野川沿岸の谷地に建設された。このダムは既存の河川を堰止めて貯水する一般的なダムとは異なり，那珂川の枝内取水塔より取水された用水を導水ポンプによって注水するという，河道外貯留による原水貯水池である。このダム建設に伴い，1982 年に那珂川からさらに 0.325m³/s の豊水水利権を獲得した（表 V-2）。豊水水利権とは河川流量が基準点流量を超えている時にのみ取水が許可される水利権である。つまり楮川ダムの建設は，那珂川の豊水時の水をダムに誘導して確保し，渇水時においても河川の流況に影響されず，常に安定した上水道の供給を達成することを目的としていた。実際の人口 1 人当り年間給水量をみると，ダムが完成した 1986 年から 2000 年までの 15 年間の平均値は 147.98m³ であり，その間の最小値は 1991 年の 141.80m³，最大値は 1994 年の 153.69m³ である。1994 年は日本全国が深刻な渇水被害に見舞われた年であったが，このことから，水戸市上水道は楮川ダムの完成以降，たとえ渇水時であっても，水不足に陥ることなく安定した給水を実現していることがわかる。

　これまで述べた五期にわたる拡張事業によって水戸市の上水道は，那珂川からの水利権を拡大し，河川からの取水量を増加させ続けてきた。水道普及率も 1974 年に 90％を超え，さらに 1986 年には 99％に達し，ほぼすべての市域内人口に対する安定的な給水が実現された（図 V-2）。1990 年代以降では，まず 1992 年に水戸市と常澄村（つねずみ）の合併に伴い，常澄上水道が水戸市上水道に編入された。翌 1993 年には芦山，枝内の両浄水場が廃止された。さらに 1998 年から常澄地区へ茨城県中央広域水道用水供給事業からの給水が開始された。こうして図 V-3 に示した水戸市の上水道給水体系が形成された。まず，枝内地先の 2 カ所の取水口から取り入れられた河川水は，原水導水管によってそれぞれ楮川ダム（浄水場）と開江浄水場に送られる。楮川浄水場の主な給水区域は，水

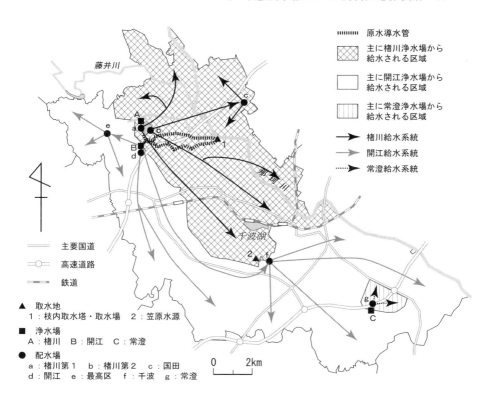

図 V-3　水戸市における上水道の給水系統（2002 年）
水戸市水道部の資料より作成

戸市の中心市街地を含む市中央部から北西部にかけての一帯である。開江浄水場からは，下市地区と国道 50 号バイパス沿いの市西部から南部にかけて，さらには旧常澄村も含む区域へ給水されている。これら 2 系統と広域水道を受水する常澄浄水場とによって，全市へ量的に安定した水道用水が供給されている。

以上のことから，水戸市の上水道は，昭和初期の創設期からの市域拡大と人口増加に伴う水需要の増大に対して，県営事業への費用負担や農水・工水の余剰分振替などにより，那珂川からの取水量を増加させることができ，自流域内の河川水を取水することでその需要を充分に満たしてきた。水源別取水量の変

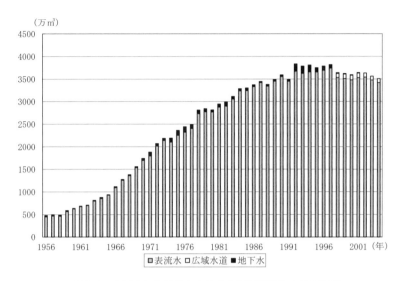

図 V-4 水戸市における上水道の水源別年間取水量の変遷
「水戸市水道事業年報」より作成

遷（図 V-4）をみても，従来から那珂川の表流水が9割以上を占め，地下水（笠原水源）や近年における広域水道の受水は，あくまでも補助的な役割しか果たしていない。

5. 水海道市における水道用水供給システムの変遷

水海道市において上水道が供用開始されたのは1964年であった。それ以前には各家庭は，もっぱら井戸水に生活用水を依存しており，各戸が井戸を所有したり，あるいは集落単位で共同の簡易水道を運営していた。それらの井戸は現在でも，上水道未設区域を中心として利用されている。

図 V-5 に水海道市における給水区域の変遷と給水体系を示した。創設期の上水道の給水区域は，諏訪町をはじめとする市中心部に限られていた。水源は取水井1号による地下水であり，隣接する橋本浄水場を経て給水された。1967年に着工された第一次拡張事業において，取水井2号が掘削されたが，数年後

V章 水道用水供給システムと流域の地域的条件 99

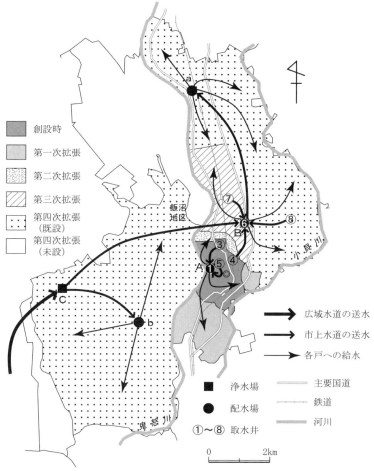

A:橋本浄水場　B:相野谷浄水場　C:茨城県水海道浄水場
a:三坂配水場　b:坂手配水場

図 V-5 水海道市における上水道給水区域の拡大と給水体系 (2002年)
　　取水井1号は橋本浄水場に，6号は相野谷浄水場に併設
　　取水井2号は廃止されたため省略した
　　水海道市企画課および水道課の資料より作成

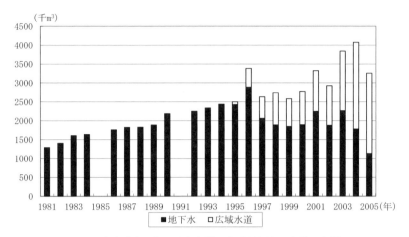

図 V-6　水海道市における上水道の水源別年間取水量の変遷
　　　　1985，1991 年はデータ欠損
　　　　「茨城県の水道」より作成

に水質不良のため廃止された。代わって，1971 年に取水井 3 号，1974 年に同 4 号が掘削された。新規水源開発はその後も継続され，1978 年の第二次拡張事業では同 5 号が，1981 年着工の第三次拡張事業では同 6，7，8 号が供用開始された。また，1983 年には相野谷(あいのや)浄水場が新設された。その結果，給水区域も北部へと拡大した。

　このように水海道市上水道は，従来，水源のすべてを地下水に求めてきた。取水井はいずれも深井戸であるが，表流水と比較して，量的な限界があることは否めなかった。水海道市の人口は 1970 年代以降停滞傾向であるにもかかわらず，給水人口の増加率は低く，普及率も 1989 年までは 40％に満たなかった。

　それに対して，1991 年に着工された第四次拡張事業では，さらなる給水区域の拡大と給水人口の増加のために，広域水道の導入が計画された。そして 1995 年 7 月 1 日，茨城県西広域水道から受水するようになった（図 V-6）。

　これによって，給水区域は飛躍的に拡大し，図 V-5 に示した体系で給水されるようになった。まず地下水源を利用するものとして，取水井 3，5 号の地下水は橋本浄水場へ送水される。取水井 1 号は橋本浄水場の補助水源であり，通

常は利用されていない。また，取水井4, 6, 7, 8号の地下水は相野谷浄水場へ送られ，さらにその一部が三坂配水場へ送水される。一方，茨城県西広域水道用水供給事業の水海道浄水場からは，坂東市（旧岩井市）で取水された利根川の表流水が相野谷浄水場と坂手配水場に送られる。こうして4つの浄・配水場に集められた水道用水は，それぞれの施設の周辺地域へ給水されている。

しかしながら，水海道市のような小規模市町村における広域水道の導入は，市町村財政を圧迫し給水原価の高騰を招いている。水海道市における広域水道導入以前の給水原価は，1m^{3}当り約230円であったが，導入以後の2002年時点では，290円台に上昇している。これは水道料金として利用者の負担となる。鬼怒・小貝川下流域の16事業体の水道料金をみても，概ね人口規模の小さい事業体ほど高い傾向にある。水道管の口径20mmで1ヵ月に20m^{3}使用した場合の16事業体における水道料金の平均値は4,120円（2001年時点）であり，5,000円を超える事業体もある。前節で取り上げた那珂川下流域の水戸市における同年の給水原価と水道料金はそれぞれ，156円と2,593円であり，水海道市のように広域水道に大きく依存する鬼怒・小貝川下流域の水道事業体における水道費用の高さがうかがえる。上水道の水源別取水量の変遷（図V-6）からは，今後も水海道市の水道水源は，地下水の割合が減少し，代わって広域水道の割合が増加していくと推測され，住民の上水道に対する経済的負担は一層高まると考えられる。

以上，水海道市の水道用水供給システムとその変遷についてみてきた。その結果，地下水を利用した市営水道から，より経済的負担の大きい広域水道への依存度が年々高まっている一方，自流域内の河川は従来から水源として利用されてこなかったことが明らかとなった。

6. 水道用水供給システムの差異をもたらす流域の地域的条件

6．1 地形

まず地形特性であるが，水平的な地形特徴量と垂直的な地形特徴量をそれぞれ表す代表的な指標である流域形状比と流域起伏量比を，両流域の主な支流域

単位で算出し，その地域的傾向を分析する。主な支流域とはここでは，両流域で本流に直接流入する，1級河川区間 5km 以上の支流の流域を意味する。那珂川流域からは 23，鬼怒・小貝川流域からは 25 の支流域が抽出された[2]。以下，本節において支流域単位による分析を行う際には，この区分を用いる。

流域形状比とは，流域の平面形態が円形や方形に近いか否かを表す指標であり，流域最大辺長の 2 乗を流域面積で割った値で示される。つまり流域形状比は，流域の長辺を一辺とする正方形の面積と流域面積の比であり，値の小さい流域ほど流路延長に対して集水面積が広いことを意味し，大きい流域ほど形状が細長い。流域起伏量比は，流域最高高度と最低高度との差を幹川流路延長で除した値である。つまり，値が大きい流域ほど急峻であり，小さいほど平坦である。この 2 つの指標によって，各支流域の相対的な集水能力を推測する。また，各支流域の形状をみることで，流域全体としての河川の幾何学的配置を理解することができ，流域の起伏量は，土地利用の制約条件として作用していると考えられるため，間接的に水需要を規定しているともいえる。

那珂川流域の各支流域の流域形状比（図 V-7）は，ほとんどが 3.0 から 6.0 の間の値であり，6.0 より大きいのは上流域の高野川流域と下流域の早戸川流域のみである。那珂川左岸の小支流域には 3.0 以下の値を示すものもある。高山（1974）によれば，日本の主要河川における流域形状比の平均値は，概ね 5.0 前後である。したがって，那珂川流域の各支流域は，いずれも平均的にやや流域幅が広いという特徴を有する。

鬼怒・小貝川流域の各支流域の流域形状比をみると，値が 6.0 以下なのは鬼怒川上流域と小貝川下流域の支流域に限られる。6.0 から 9.0 の値を示すのは，小貝川中流域の五行川と大谷川，下流域の谷田川の 3 支流域あり，9.0 より大きいのは，鬼怒川中流域の西鬼怒川，江川，田川，山川の各支流域と小貝川上流域の大川流域である。このように鬼怒・小貝川流域の支流域の流域形状比を那珂川流域と比較すると，中・下流域の各支流域は，いずれも細長い形状をしており，幹川流路延長に対して，集水面積の狭い流域といえる。

次に那珂川流域の各支流域の流域起伏量比（図 V-8）をみると，値が 0.01 以下を示すのは，権津川流域と下流域の 4 支流域のみである。これらは傾斜が少

V章 水道用水供給システムと流域の地域的条件 103

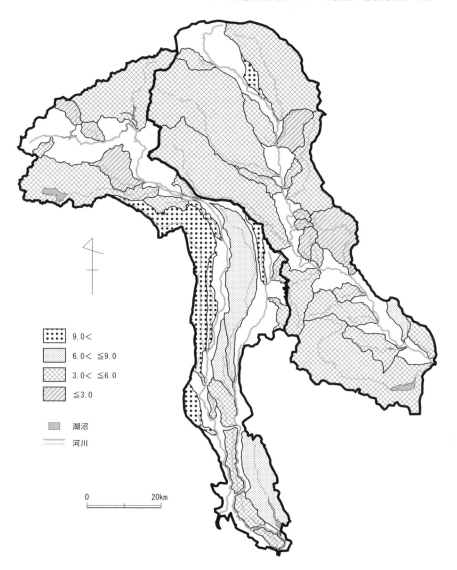

図 V-7 那珂川流域と鬼怒・小貝川流域における主な支流域の流域形状比（1997年）

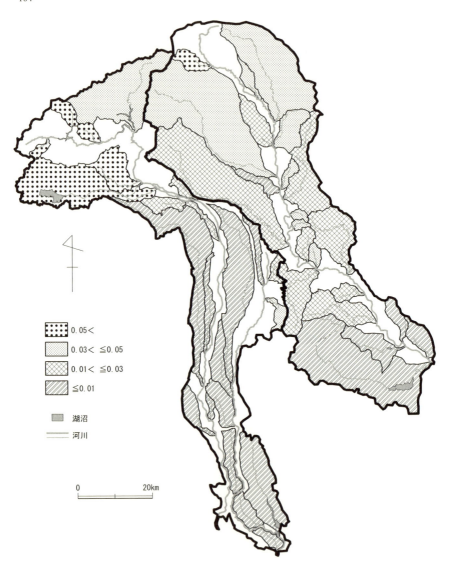

図 V-8 那珂川流域と鬼怒・小貝川流域における主な支流域の流域起伏量比（1997年）

ない平坦な支流域である。その一方，中流の支流域が概ね 0.01 から 0.03 の値を，上流域の支流域と中流域左岸側の小支流域が 0.03 より大きい値を示す。

鬼怒・小貝川流域では，中・下流域のほとんどすべての支流域が 0.01 以下の値であり，非常に平坦な流域である。一方，上流域の支流域は，男鹿川流域が 0.04 である以外は，いずれも値が 0.05 より大きく傾斜の急峻な流域である。

6.2 土地利用

国土数値情報の土地利用データ（1997 年）からまず，両流域全体の土地利用について概観すると，那珂川流域の森林面積は 1,957.97km^2（面積率 55.6％），水田面積は 602.56km^2（17.1％），畑地面積は 416.00km^2（11.8％），市街地面積は 247.40km^2（7.0％）である。鬼怒・小貝川流域の森林面積は 1435.37km^2（45.4％），水田面積は 763.78km^2（24.1％），畑地面積は 333.66km^2（10.5％），市街地面積は 329.56km^2（10.4％）である。森林と畑地の面積は那珂川流域の方が広く，水田と市街地は鬼怒・小貝川流域の方が広い。水田と畑地の比率が，那珂川流域が 6：4 であるのに対して，鬼怒・小貝川流域は 7：3 であり，水田がより卓越していることがわかる。

次に，各土地利用面積を主な支流域単位で集計し，各々の支流域における土地利用組合せ類型を修正ウィーバー法によって導出した。その結果，那珂川流域，鬼怒・小貝川流域ともに，5 類型の支流域に区分できた（図 V-9）。森林単一型は，森林のみが代表的な土地利用として抽出された類型である。森林中心型は，森林を筆頭として 2 ないしは 3 項目で土地利用が代表される類型である。水田中心型，畑地中心型も同様である。そして混在型は，代表的な土地利用が 4 項目以上からなる類型である。

那珂川流域では，ほとんどの支流域において森林が代表的土地利用の筆頭に挙がる。とりわけ本流左岸地域の各支流域は，上流域の余笹川流域から下流域の緒川流域まで，全支流域が森林単一型に分類される。これらの支流域の森林面積率は，余笹川流域の 66.2％を除き，すべて 70％以上である。右岸地域の箒川，荒川，涸沼川の各支流域では，それぞれ広大な農地が分布しているにもかかわらず，森林がもっとも卓越する。これら 3 支流域の森林面積率はそれ

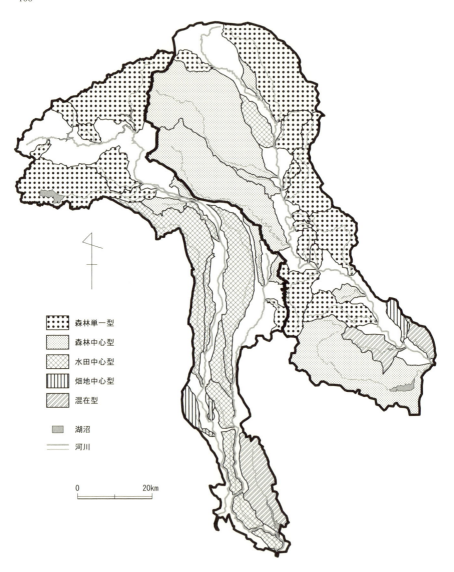

図 V-9　那珂川流域と鬼怒・小貝川流域における主な支流域の土地利用類型（1997 年）

ぞれ，55.1%，56.6%，35.2%である。一方，下流域の桜川流域と中丸川流域は，水戸市，ひたちなか市の市街地を流下し，畑地の割合も高い。そのため，桜川流域は，市街地が第一位で以下，森林，畑地，水田の順に組み合される混在型となり，中丸川流域は同様に，市街地，畑地，その他，水田という順の組合せの混在型になる。

鬼怒・小貝川流域では，森林が卓越する支流域は大谷川(だいや)流域をはじめ鬼怒川上流域に位置するものがほとんどである。小貝川の源流付近の支流域も森林が多いが，水田や畑地の割合も高く，森林中心型となっている。その他の支流域のうち，中流域に位置し，面積も比較的大きい田川や五行川の流域，ならびに鬼怒川と小貝川に挟まれた支流域は，いずれも水田がもっとも大きな割合を占める。具体的な数値を挙げると，田川流域と五行川流域の水田面積率はそれぞれ，33.4%，55.5%である。同様に，鬼怒川と小貝川に挟まれた大谷(おおや)，糸繰(いとくり)川，八間掘川(はちけんぼり)，中通川(なかどおし)，北浦川の各支流域の水田面積率もそれぞれ，50.7%，34.2%，57.2%，55.6%，63.4%ともっとも高い値を示す。また，鬼怒川右岸地域の山川流域は，畑地面積率が40.2%ともっとも高い畑地中心型であるが，水田面積率も33.4%と高い。つくば市や牛久市を流れる谷田川流域は，畑地が第一位であり，これに市街地，水田，森林の順で組み合される混在型である。

以上のことをまとめると，那珂川流域は，支流域単位でみても，森林が卓越するものが大半であり，下流域でわずかに，水田や畑地や市街地といった土地利用の卓越するものがみられるのみである。鬼怒・小貝川流域は，森林が卓越するのは上流の支流域のみであり，中〜下流域にかけては水田が支配的な土地利用である。

6.3 水利権

図V-10は，那珂川流域と鬼怒・小貝川流域の，本流と主な支流域の許可水利権の最大取水量の総量を，それぞれ用途別に集計して示している。流域全体としての総取水量は，那珂川流域が57.53m^3/sで，そのうち農業用が50.91m^3/s（88.5%）を占め，水道用は4.00m^3/sである。鬼怒・小貝川流域の総取水量は171.92m^3/sと，那珂川流域の3倍以上であり，そのうち農業用が

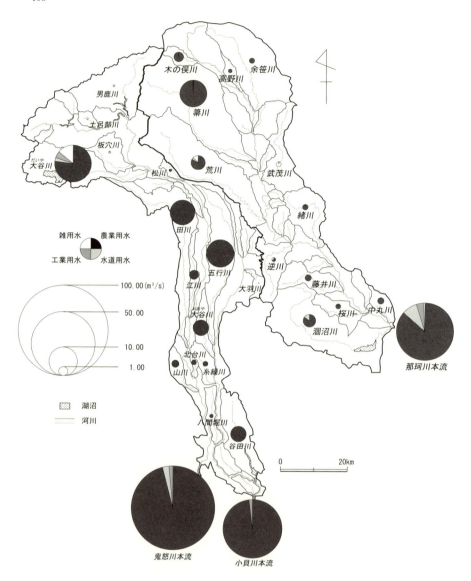

図 V-10　那珂川流域と鬼怒・小貝川流域における本流と支流域ごとの許可水利権（2001年）
発電用を除く
国土交通省常陸工事事務所，下館工事事務所，および茨城県河川課，栃木県河川課の資料より作成

163.86m³/s（95.3％）を占める。水道用は2.65m³/sと那珂川流域より少ない。

　用途別・支流域別に詳細をみていくと，那珂川流域の農業用水は，本流から取水するものがもっとも多いものの，箒川，荒川，涸沼川をはじめとする支流域にも取水口が分散している。支流域の中でもっとも総取水量が多いのは箒川流域であるが，その99.5％を農業用水が占める。同様に那珂川上流域に位置する木の俣川，高野川，余笹川の各流域でも，農業用水利用がほぼ100％に達する。また，下流域の茨城県においても，緒川，藤井川，桜川，涸沼川，中丸川といった各支流域の河川水が，それぞれの取水量こそ多くないものの，農業用水として広く利用されている。水道用水利権による取水は，農業用水同様，那珂川本流からがもっとも多い。支流域では荒川，涸沼川をはじめとして7支流域で，それぞれの取水量は多くないが，水道用水利権が設定されている。それらは各支流域内の市町村に水道用水を供給している。涸沼川流域は茨城県による水道用水供給事業の取水口の1つが設けられているため，水道用の取水量が多く，全体に占めるその割合も高くなっている。工業用水利権は7件あり，取水量の比較的多い4件が那珂川本流の最下流に取水口を有する。残りの3件は取水量がわずかであり，那珂川本流上流と武茂川，桜川の流域にそれぞれ取水口を有する。

　鬼怒・小貝川流域の農業用水は，本流から取水するものの割合が高く，前章でも触れたように，いくつかの大規模な取水口が大量に一括取水を行うことによって広大な農地を灌漑している。支流域としては大谷川や五行川などの限られた河川に水利権が集中して設定されている。一方，水道用水の取水量は，那珂川流域の3分の2である。その取水口の分布は，大谷川，男鹿川，板穴川といった鬼怒川上流域の支流域と鬼怒川本流に限定される。鬼怒川本流から取水しているのは，宇都宮市とその周辺の鬼怒川中流域の市町村である。水海道市をはじめとする下流域の茨城県側の市町村はすべて，水道水源として河川水を取水していない。工業用では，2件が大谷川に取水口を有し，日光市内の企業へ用水を供給している。また，鬼怒川本流に1件，小貝川本流に2件の水利権が存在するが，小貝川の2件は下流に取水口が設けられているものの，流域外導水によって霞ヶ浦から小貝川へ注水した水を取水する水利権である。

7. 考 察

 以上の地域的条件の分析結果と，那珂川，鬼怒・小貝川流域全体の水利体系および下流域の水戸市，水海道市における水道用水供給システムの実態との関連性を考察する。以下の考察を模式的に図化して表現したのが図 V-11 である。

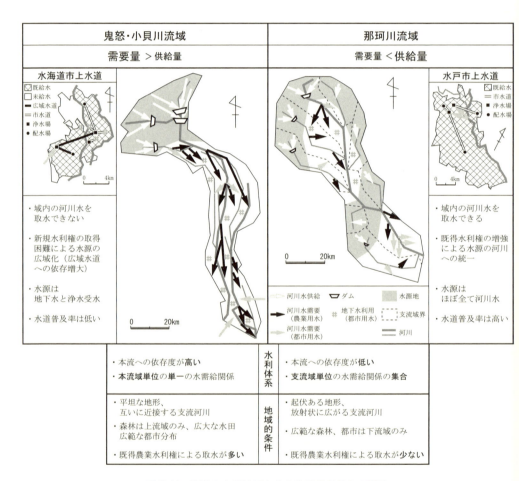

図 V-11 流域の水利体系とその地域的条件との関係

V章　水道用水供給システムと流域の地域的条件　111

　那珂川流域において，許可水利権による取水量の多い支流域は，箒川，荒川，涸沼川である。これら3支流域の土地利用類型はいずれも森林中心型である。これらはいずれも，那珂川右岸に位置し，下流域に分布する農地で多量の用水が利用されているものの，上流域にはそれぞれ広大な森林地域を擁する。さらにこれらの支流域は形状比が小さく山間部の集水面積が広く，地形的にも平坦地が少なく適度な河川勾配を有し，上流には利水目的のダムが存在し，自流域内や周辺地域の水源となっており，それぞれの支流域単位で水需要を満たしている。

　また，那珂川左岸に位置する支流域は，概して水需要は少なく，面積の小さい支流域には，許可水利権が設定されていない。これらの支流域の土地利用としては，森林が卓越しており，農地化や都市化が進んでいないため，水利用はほとんどなされていない。地形的には八溝山地の山腹に位置し，小河川の流域は傾斜が急峻である。このことが農地化や都市化が進展しない一因と考えられる。したがって，河川水は自流域内で利用も貯留もされずに，直接，那珂川本流へ放流されることになる。

　一方，鬼怒・小貝川流域のうち多くの許可水利権が設定されている支流域は，大谷川，五行川，谷田川である。とりわけ大谷川ではもっとも多くの水利権が設定されているが，土地利用類型は森林単一型である。つまり大谷川流域は，中禅寺湖を含む上・中流域の山地部に広大な森林地帯を有する一方，下流域できわめて集中的に河川水が利用されている。大谷川流域以外の森林単一型を示す支流域は，大羽川流域を除いてすべて鬼怒川上流域に位置し，それらの支流域は許可水利権が少なく，地形的にも急峻な山地帯に含まれる。したがって那珂川左岸の支流域同様，本流に水を供給する役割を果たしている。大規模な多目的ダムもこの地域に立地している。

　それに対して，中・下流域の支流域ではいずれも水田や市街地が卓越している。したがって，鬼怒・小貝川中・下流域一帯は，水需要が非常に大きい。しかし，五行川と谷田川の流域以外では，設定されている許可水利権の取水量が相対的に少ない。この事実は，当該支流域内の農地が，自流域内の河川から取水せず，鬼怒川，小貝川本流に水源を大きく依存していることを意味する。前

章で触れた鬼怒川における三大国営農業水利事業による頭首工建設や，小貝川の関東三大堰などがその代表である。一方で都市用水に関しては，特に下流の茨城県側の市町村では，自流域内の河川を水源としていない。その理由としては，上記の既得農業水利権の規模が膨大であることや，中・下流域の支流域の形状比が大きく，起伏量比が小さいため集水能力をほとんど持たず水資源開発を行う適地に恵まれていないことによって，下流域の水道事業体が新規水利権を獲得するのが困難であったからである。

以上の比較考察を要約すると，那珂川流域は，流域全体でみると支流域単位でダムや河川自流を水源とした水需給がみられ，余排水は本流へ流入する。したがって，本流への依存度は低く，市街地が卓越し人口も多い下流域における都市用水需要も，本流下流を中心とした自流域内の水源によって満たすことができる。このような那珂川流域全体の河川水需給体系が，下流域に位置し人口規模も最大の水戸市の水道用水において，市域の拡大と人口増加に合わせて，那珂川からの取水量を随時増加させ，給水能力を向上させることを可能としたのである。

一方，鬼怒・小貝川流域は，流域全体の用水需要が相対的に多く，それらの本流への依存度はきわめて高い。したがって水海道市をはじめとする下流の茨城県側の市町村はすべて，鬼怒川や小貝川の表流水を利用できず，従来からもっぱら地下水を水道水源とし，増加する用水需要に対しては，広域水道事業への参入を余儀なくされている。これらの水源は，霞ヶ浦と利根川上流域の群馬県山間部に立地するダムであり，きわめて「遠い水」に依存している。また，広域水道事業体からの用水の「購入」が自治体の経済的負担を増大させている事実もある。

8. おわりに

本章が都市の水道用水供給システムと流域の地域的条件との関係を分析する上で，その分析指標の選定や結果の解釈において意図していたのは以下の2点である。それらは（1）水資源の「量」に着目し，供給に関わる指標と需要に

関わる指標の両方を考慮すること，（2）事例地域の水利事情の実態と照らし合わせて分析結果を解釈することである。

まず1点目について，水利問題を議論する上で，流域の水需給バランスに関する考察は欠かせない。言い換えるならば，流域の水供給能力を規定する自然的な指標と，水需要に関する人文社会的な指標の両方を踏まえるということである。

水需要に関しては，水道事業体の水源別取水量や水利権で許可されている最大取水量，期別取水量など実際の数値が公表されているので，それらを定量的に把握するのは可能である。さらに本章では水利権の水源の位置に着目することで，支流域単位での水需給の空間的な配分にも言及した。

一方で，流域の水供給能力に関しては，水文学，地形学をはじめ，地質学，土壌学，植生学など主に自然地理学の分野で，降水量や蒸発散量，涵養量などの詳細なモニタリングデータから推計されているが，流域ごとに網羅された数値として公表されているわけではない。そこで本章では，汎用的な既存データによって流域の水供給能力を推測しうる手法としてまず，地形データを用いて，流域形状比と流域起伏量比を支流域ごとに算出した。その結果，各支流域が有するそれぞれの水供給能力を相対的にではあるが把握することができたといえる。実際に両流域におけるダムは，これらの指標から判断された集水能力の高い場所に立地している。単なる地形分類の把握や標高・傾斜の解析よりは，このような水文地形学的な指標の方が，水利体系の実態と関連づけて水需給を論じるには有効であろう。

また，本章では土地利用も分析指標として取り上げた。本章では少なくとも農地や市街地に比べ人為的な水需要がほとんどない点で，森林を水供給能力のある土地利用と判断した。その上で，ある程度の空間的範囲を有する支流域ごとに，土地利用組合せ類型を導出することでそれらの水需給バランスについて考察した。これらの分析によって，流域の水利体系が支流域単位の水需給バランスに規定されていることが実証できた。

しかしながら，本章が取り上げた指標はあくまでも相対的に水需給を測るものであり，絶対的な水供給可能量を示したものではない。今後は，降水量や蒸

発散量，土地利用項目別の浸透量，涵養量といった指標も加味していくことが求められよう。

次に2点目についてであるが，本章では，下流の都市における水道事情を詳細に記述した。下流の都市用水は，先述したように河川水利においてもっとも不利とされ，その水利事情が逼迫しているのかそうではないのかというのは，流域全体の水需給バランスを端的に映す鏡であると考えたからである。実際，本章が取り上げた水戸市と水海道市の水利事情は非常に対照的であったが，地域的条件の分析結果からも，那珂川流域と鬼怒・小貝川流域における流域全体の水利体系や水需給バランスの対照性が実証され，既存データの解析結果と事例地域の実情とを関連づけて考察することができた。

以上のように，都市用水問題を流域スケールで議論する上で，本章が提示した分析指標や方法論の有用性は，ある程度実証できたといえる。那珂川流域は，水需要に余裕がある流域と位置づけることができるが，実際には，規模が縮小されたとはいえ，将来の水需要増加に対する過大な予測に基づく流域外からの導水計画が存在する。一方，鬼怒・小貝川流域は，水需要が逼迫している流域と位置づけることができる。そのような流域の下流域における用水源の外部依存化は，ある程度やむを得ないといえるが，渇水時の水利調整の方策などの議論においては，本章で示した方法論でもって，隣接する霞ヶ浦流域，あるいは利根川流域全体の各支流域の集水能力と水需要を分析し，水需給の空間構造を把握することは重要な示唆を与えるであろう。たとえば，新規のダム開発や導水路建設による「遠い水」への依存を選択する前に，流域内の水需要地にできるだけ近いところでの水源開発や水の融通が可能ではないか検討することができる。あるいはそれを可能にするための土地利用計画などを提案することもできる。具体的には，一定の流域内において，農地や宅地の開発を制限し水供給能力を確保する支流域を設定し，全体としての水需給バランスを維持するといった方策も考えられる。いずれにしろ，水資源問題を政治的・社会的側面から論じる際にも，その前提となる基礎として，流域の水需給に関わる地域的条件を定量的・空間的に理解しておくことが重要である。

[注]
1) 水海道市は2006年1月，結城郡石下町と合併し，常総市となったが，本研究では水道事業の時系列的な形成過程にも言及することから旧水海道市を対象とした。
2) 各支流域名は後掲の図V-10を参照されたい。

[参考文献]
秋山道雄 1988．水利研究の課題と展望．人文地理 40：424-448．
伊藤達也 2001．渇水対策の選択肢－河川法改正，94年渇水の経験を踏まえて－．愛知教育大学地理学報告 92：1-14．
井上 京・宗岡寿美・鵜木啓二・山本忠男・長澤徹明 2000．北海道における複合型土地利用の農業流域河川の水質特性．水文・水資源学会誌 13：347-354．
鵜木啓二・長澤徹明・井上 京・山本忠男 2002．農業流域における融雪期の水質環境と土地利用－主成分分析による河川水質形成機構の解析－．水文・水資源学会誌 15：391-398．
王尾和寿 2008．流域圏における水系を視点とした景観特性の分析－那珂川，霞ヶ浦，鬼怒川，小貝川の各流域を事例として－．地学雑誌 117：534-552．
王尾和寿・鈴木雅和 2001．メッシュデータによる流域を単位とした土地利用変化動向．地理情報システム学会講演論文集 10：367-370．
王尾和寿・鈴木雅和 2002．国土数値情報による流域を単位とした土地利用変化の解析．ランドスケープ研究 65：861-864．
小口 高・ジャービー，H. P.・ニール，C. 2002．LOISデータベースとGISを活用した東部イングランドの河川水質分析．地学雑誌 111：410-415．
小口 高・Siakeu, J.・畑屋みず穂・高木哲也・早川裕一 2004．関東～中部日本の8流域における河川懸濁物質濃度の空間分布とその規定要因．(財) とうきゅう環境浄化財団研究助成 No.239 成果報告書：144-162．
木村園子ドロテア・岡崎正規 2008．多摩川流域における土地利用と河川水窒素濃度との関係．地学雑誌 117：553-560．
佐藤裕一・佐土原 聡 2006．流域環境GISプラットフォームの構築－神奈川拡大流域圏への適用－．地理情報システム学会講演論文集 15：391-394．
嶋 栄吉・堤 聰 2004．養豚地域の家畜ふん尿処理が集水域からの河川水質に及ぼす影響．環境情報科学論文集 16：245-250．
志村博康 1996．渇水問題と水利権・水利制度．都市問題 87 (7)：27-40．
杉森啓明 2004．流域単位での土地利用変化の把握．(財) とうきゅう環境浄化財団研究助成 No.239 成果報告書：83-93．
杉森啓明・大森博雄 1996．土地利用データによる多摩川中下流域の景観動態の把握．GIS－理論と応用 4：51-62．

高山茂美 1974.『河川地形』共立出版.
田林　明 1990. 北陸地方の扇状地における灌漑水利の地域差とその条件. 地域研究 30（2）: 23-36.
中山大地 1998. DEM を用いた地形計測による山地の流域分類の試み－阿武隈山地を例として－. 地理学評論 71A : 169-186.
水戸市水道部水道史編さん委員会・茨城歴史地理の会編 1984.『水戸の水道史　第一巻　歴史編』水戸市水道部.
森滝健一郎 2003.『河川水利秩序と水資源開発－「近い水」対「遠い水」－』大明堂.
李　東根・恒川篤史・武内和彦 1989. 多摩川中流域における環境基礎情報の整備と環境構造の把握. 造園雑誌 52 : 288-293.
Buttle, J. M. 1994. Hydrological response to reforestation in the Ganaraska River basin, southern Ontario. *The Canadian Geographer* 38: 240-253.
Wang, X. 2001. Integrating water-quality management and land-use planning in a watershed context. *Journal of Environmental Management* 61: 25-36.

Ⅵ章　大都市における水需要と水資源の変遷

1. はじめに

　前章でも述べたように，近年，都市用水需要に対する水資源問題の関心は，需要増に伴う新規水源の開発や，農業用水が支配的であった河川水利にいかに新規都市用水が参入するかという課題から，需要の停滞あるいは減少に伴う既存水源の再編，あるいは異常渇水時や災害時等における水資源の融通へと移ってきたといえる。

　そのうち水資源の融通策として以前から議論されてきたのは，表流水としての河川水利における農業用水から都市用水への水利転用であり，前章でも概観したように地理学の分野で多くの研究が蓄積されてきた。一方で，もう1つの代替的都市用水源として注目すべきものに地下水がある。従来の水資源開発は，身近な井戸や河川といった「近い水」から，山間地域に建設されたダムという「遠い水」への依存を強めてきたが（森瀧，2003），今後はダムによらない河川政策（治水・利水，異常渇水対策）の必要性が叫ばれており（伊藤，2011；富樫，2011），「近い水」としての地下水に再び焦点が当てられている。

　日本では従来，地下水は「私水」とみなされ，また過去に過剰取水による地盤沈下問題を引き起こしてきた経験から，大都市における公的な都市用水の水利システムから敬遠され，地下水から表流水への水源の切り替えが行われてきた（益田編，2011）。しかしながら東京では近年，地下水取水規制による地下水位の上昇が，地下構造物の浮上等の新しい問題を引き起こしている（徳永，2007；清水，2007）。したがって地下環境の維持のためにはむしろ，涵養量を

超えない範囲で地下水を「適正に利用する」ことが求められるようになっている。

そこで本章では，大都市における都市用水需要と水資源政策に関する話題として，東京の都市用水利用と水資源開発の歴史的変遷を取り上げる。その際に上記のような研究動向をふまえ，表流水と地下水という2つの水源に着目して述べていくこととする。すなわち具体的には，東京の水道事業の拡張と表流水源の増強，および地盤沈下と地下水揚水について時系列的に整理した上で，水道水源としての地下水利用の変遷と地下水保全の現状を事例調査により明らかにすることで，将来の持続可能な都市用水利用のあり方について考察する。

2. 東京の水道事業の変遷

2.1 近代水道の創設と施設拡張

東京の水道事業の前身である江戸期の水道は，徳川家康が入府した1590年に，井の頭池を水源として開設された小石川上水（後の神田上水）にはじまる。その後，1654年に多摩川を水源とする玉川上水，1659年に古利根川を水源とし隅田川左岸地域へ用水を供給した亀有上水（あるいは本所上水ともいう），そして1660年，64年，96年に玉川上水の分水としての青山上水，三田上水，千川上水がそれぞれ開設された。これらを江戸の六上水と称するが，亀有，青山，三田，千川の各上水は，1722年に廃止され，以降は神田上水と玉川上水の2系統となった。

神田上水は，井の頭池（現在の三鷹市井の頭1丁目）を水源とし，途中で善福寺川，妙正寺川と合流し，玉川上水からも分水を受けて，関口大洗堰（現在の文京区関口）を経て，水戸藩の上屋敷をはじめとする城下の各地へ用水を供給した。流路の一部は現在の神田川である。玉川上水は，多摩川の羽村地点（現在の羽村市羽）から取水し，四谷大木戸（現在の新宿区四谷4丁目）までは開渠の水路として武蔵野台地上を流下した。四谷大木戸以降は，木樋や石樋による地下水道として城下の各地へ配水された。住民は樋管の上に設けられた上水井戸から水を汲み上げて利用した。

明治期に入り，鉄管，浄水，加圧給水といった近代技術を用いた水道創設の必要性が高まり，1898年に多摩川自流を水源とする近代水道が創設された。羽村の取水堰から淀橋浄水場（現在の新宿中央公園）までの導水路としては玉川上水が利用された。

表VI-1に近代水道創設以降の施設拡張とその根拠となる水源について整理した。初期の上水道は多摩川の表流水を水源としながら，村山貯水池や山口貯水池を築造することで施設能力を拡張してきたが，1936年には江戸川からも取水するようになった。その間，1932年には東京の市域拡大に伴い，合併区域に含まれる従来の町営・町村組合営の水道事業を統合した。また，1935〜45年には民間の水道3社も買収・統合した。これら等により，1945年時点の施設能力は，87.9万m^3/日となった。一方普及率は，関東大震災時と市域拡大に伴う給水人口の急増期に一時的に減少したが，1939年時点で88.7%を達成していた（図VI-1）。

第二次世界大戦後の水道事業の施設拡張は，都市化と人口流入によって急増する水需要に対応するものであったといえる。1957年には，戦前から計画されていたものの建設中断していた小河内ダムが完成した。また，ほぼ時を同じくして，神奈川県の相模川河水統制事業によって開発された水源の一部について，川崎市多摩区三田に長沢浄水場を建設し，原水受水するようになった。さらに1960年代に入ると，江戸川および中川からの水源も大幅に増強した。この間，1950年に約400万人であった給水人口は，1965年には倍増の800万人を超えるが，普及率は順調に増加し，同年はじめて90.0%を上回った（図VI-2）。

2.2 多摩地区水道の都営一元化

第二次世界大戦後から高度経済成長期にかけての東京都の水道事業は，急増する水需要に対して，表流水源を増強することで施設能力を随時拡張してきたものの，当時の給水区域は，一部分水を除けば23区内に限られていた。一方，多摩地区と称される23区外の地域では，各市町村が主に地下水を水源とする独自の水道事業を運営していた。しかしながら，都市化と人口増加による水需

表VI-1 東京の上水道における施設能力の推移

年	事項	水源	施設能力（万m³/日）増減	施設能力（万m³/日）累積
1898	淀橋浄水場通水開始	多摩川自流	16.7	16.7
1911	淀橋浄水場施設拡張	多摩川自流	7.3	24.0
1924	村山上貯水池築造	多摩川自流	14.0	38.0
1928	村山下貯水池築造	多摩川自流	4.0	42.0
1932	町営・町村組合営水道統合	多摩川・江戸川自流, 地下水	18.6	60.6
1934	山口貯水池築造	多摩川自流	5.6	66.2
1935	玉川水道株式会社買収	多摩川自流	10.4	76.6
1936	江戸川水道拡張工事	江戸川自流	9.0	85.6
1937	矢口水道株式会社買収	地下水	0.3	85.9
1945	日本水道株式会社買収	多摩川自流	1.4	87.3
1938～45	配水施設拡張事業	地下水	0.6	87.9
1946	代々幡, 矢口水源休止	地下水	-1.4	86.5
	境浄水場施設拡張	多摩川自流	7.5	94.0
1936～53	応急拡張事業	多摩川・江戸川自流, 地下水	28.2	122.2
1957	小河内ダム完成	多摩川水系小河内ダム	42.5	164.7
1950～59	相模川系水道拡張事業	神奈川県相模川河水統制事業（相模川水系相模ダム）	20.0	184.7
1959	玉川, 砧上, 砧下浄水場施設拡張	多摩川自流	10.4	195.1
1960～64	江戸川系水道拡張事業	江戸川自流	9.5	204.6
1962～65	中川・江戸川系水道緊急拡張事業	中川自流	40.0	244.6
1963～68	第一次利根川系水道拡張事業	第一次フルプラン	120.0	364.6
1969	狛江水源廃止	多摩川自流	-1.4	363.2
1965～70	第二次利根川系水道拡張事業	第一次フルプラン	140.0	503.2
1970	玉川浄水場休止	多摩川自流	-15.2	488.0
1970～76	第三次利根川系水道拡張事業	第二次フルプラン	120.0	608.0
1972～85	第四次利根川系水道拡張事業	第三次フルプラン	55.0	663.0
1991	三郷浄水場施設拡張前期	第三次フルプラン	27.5	690.5
	金町浄水場施設整備に伴う能力低下	江戸川・中川自流	-22.0	668.5
1993	三郷浄水場施設拡張後期	第三次フルプラン	27.5	696.0
2004	金町浄水場施設整備に伴う能力低下	江戸川・中川自流	-10.0	686.0

『東京近代水道百年史』,「東京都水道局事業年報」,東京都水道局HPなどより作成

　要の急増は，多摩地区とて例外ではなく，市町村営水道のみでは水需給が逼迫し，都営水道からの分水を受けなければならない自治体も出てくるようになっ

Ⅵ章　大都市における水需要と水資源の変遷　121

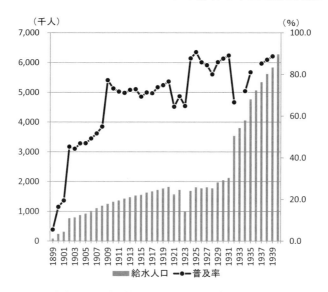

図Ⅵ-1　東京の上水道の給水人口と普及率の推移（1899〜1940年）
普及率は一部不明の年がある
『東京近代水道百年史』より作成

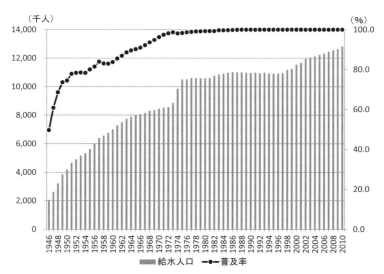

図Ⅵ-2　東京の上水道の給水人口と普及率の推移（1946〜2010年）
『東京近代水道百年史』および「東京都水道局事業年報」より作成

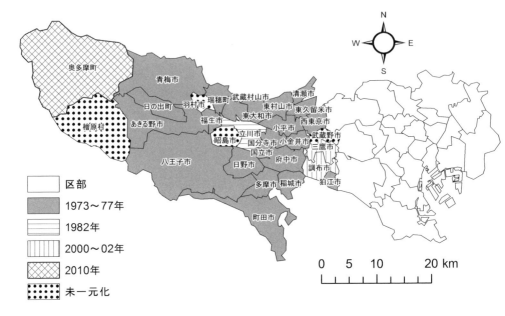

図Ⅵ-3　多摩地区における水道事業の都営一元化の年
「東京都水道局事業年報」より作成

ていた。

　そのような中，東京都は1971年に，多摩地区への合理的かつ安定的な給水を目指した「多摩地区水道事業の都営一元化基本計画」を策定した。それに基づき1973年の小平市，狛江市，東大和市，武蔵村山市を皮切りに，1977年までに24市町の水道事業が，そして1982年に立川市，2000年に調布市，2002年に三鷹市の水道事業が，都営水道に事実上統合された（図Ⅵ-3）。これによって，主に表流水を水源とする都営水道が，主に地下水を水源としていた多摩地区全域へと配水されるようになった。一方2013年度現在，武蔵野市，昭島市，羽村市，檜原村の水道事業は都営一元化されていないが，武蔵野市は都営水道から浄水受水している。

2.3 利根川水系水資源開発基本計画に基づく施設拡張と水源増強

　第二次世界大戦後から高度経済成長期以降の都市化，人口増加による水需要の増大に対して，東京都としては大河川である利根川に水源を確保することは積年の悲願であった（東京都水道局，1999）。そのような中，1961年に水資源開発促進法と水資源開発公団法のいわゆる水資源開発二法が制定され，利根川水系をはじめとする全国の主要6水系は，国の施策として水資源開発が行われることとなった。

　利根川水系に関しては，1962年に「利根川水系水資源開発基本計画」（第一次フルプラン）が策定され，東京都でもそれによって開発される水源を見込んだ第一次利根川系水道拡張事業を実施することになった。しかしながら，利根川水系の水資源開発は当初の計画どおりには進まず，1970年に計画は改定され（第二次フルプラン），1976年には荒川水系も含めた計画となり（第三次フルプラン），さらに1988年には第四次フルプランが策定されることとなった。それに合わせるように，東京都でも第一次から第四次に至る利根川系水道拡張事業を行ってきた（表Ⅵ-1）。

　表Ⅵ-2は，第一次フルプラン以降における，都営水道の水源の確保について整理したものである。この表と表Ⅵ-1を見比べると，東京都では水源量の

表Ⅵ-2　利根川・荒川水系フルプランに係る水源量の確保

年	水源	水源量（万 m^3/日）	
		増減	累積
	第一次フルプラン以前の水源量		244.6
1967	利根川水系矢木沢ダム	36.4	281.0
1968	利根川水系下久保ダム	103.0	384.0
1971	利根川河口堰	71.0	455.0
1976	利根川水系草木ダム，奈良俣ダム暫定，野田導水路	80.0	535.0
1985	利根川水系奈良俣ダム，渡良瀬貯水池，霞ヶ浦開発，霞ヶ浦導水	62.0	597.0
1989	見沼代用水（埼玉合口二期事業）	5.0	602.0
1997	荒川調節池	11.0	613.0
1999	荒川水系浦山ダム	10.0	623.0
2008	荒川水系滝沢ダム	7.0	630.0

『東京近代水道百年史』，「東京都水道局事業年報」，東京都水道局HPなどより作成

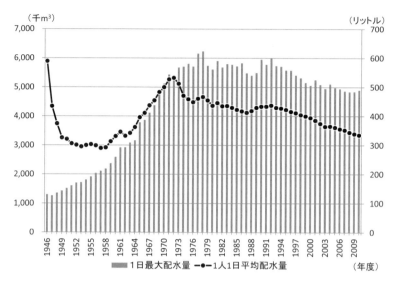

図Ⅵ-4　東京都営水道の1日最大配水量と1人1日平均配水量の推移
『東京近代水道百年史』および「東京都水道局事業年報」より作成

確保に先立って，水道施設の拡張を進めてきた様子がわかる。これは国によるフルプランが当初計画通りに進捗せず水源量の確保が実現できていないことによるものだが，具体的には，荒川水系滝沢ダムの完成した2008年以降では，施設能力686.0万 m^3/日に対して（表Ⅵ-1），水源量の確保は630.0万 m^3/日に止まっている（表Ⅵ-2）のが現状である。

しかしながら，東京都営水道における実際の1日最大配水量は2010年度で約490万 m^3 であり，近年は1992年度をピークに，1人1日平均配水量とともに減少傾向が続いている（図Ⅵ-4）。したがって，水使用量からみる限り，平常時において現状の水源量が不足しているというわけではない。

3. 地盤沈下と地下水揚水

3.1 東京における地盤沈下問題と地下水揚水規制

　東京における地盤沈下の経緯については，さまざまな報告がなされている（たとえば，東京都水道局，1986；東京都環境局，2011；東京都土木技術支援・人材育成センター編，2011など）。それらによると，東京で地盤沈下が観測されはじめたのは明治時代末期から大正時代初期であり，墨田区や江東区，江戸川区といった区部東部の低地部（江東地区）を中心に発生した。第二次世界大戦前の昭和初期においては，当地区における工業化の進展により，地下水揚水量が増大し，その影響で地盤沈下も進行し，年間沈下量が10cmを超えるところもあった。第二次世界大戦中は空襲等の影響で工業活動が停止し，それに伴って地盤沈下も一時的に沈静化した。しかしながら，1950～60年代の戦後から高度経済成長期にかけて，江東地区における工業活動が再び活発化すると，工場群による工業用水としての地下水揚水などによって，地盤沈下は再び深刻化し累積沈下量で400cmを超えるところまで現れ，荒川河口付近を中心に地面が潮位より低い海抜ゼロメートル地帯を形成するに至った。多摩地区においても1970年代に入り，都市化と人口増加による地下水利用が急増したことで，地盤沈下が顕在化するようになった。

　このような地下水の過剰揚水による地盤沈下問題に対して，法律や条例によって地下水揚水を規制し，代替水源としての工業用水道の建設が行われることになった。まず1956年に工業用水法が施行され，1960年には江東，墨田，江戸川，荒川の4区が，1963年には北，板橋，足立，葛飾の4区がそれぞれ地域指定された。そして1962年には建築物用地下水の採取の規制に関する法律（ビル用水法）が施行され，1972年までに23区全域が地域指定された。これによって工業用以外の雑用水も規制されることとなった。さらに東京都は，1970年公害防止条例，2001年都民の健康と安全を確保する環境に関する条例（環境確保条例）を制定した。これらの法制度によって現在では，多摩地区を含めた都内のほぼ全域を対象に，地下水を揚水するほぼすべての用途に対

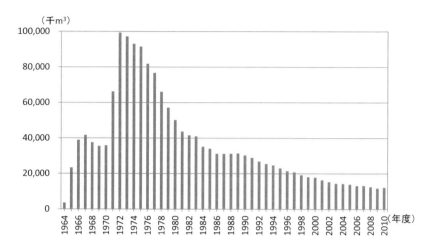

図Ⅵ-5　工業用水道配水量の推移
「東京都水道局事業年報」より作成

して，ポンプ吐出口断面積が21cm^2を超えるものについては設置が禁止され，6cm^2を超えるものについては深さ制限が掛けられている。また6cm^2以下のものに関しても深さ制限はないものの，揚水機出力は2.2kW以下，揚水量は1日10m^3以下に制限されている。

　工業用水道についてはまず，1964年に江東地区工業用水道事業として墨田・江東・荒川・江戸川の4区と足立区の一部に配水が開始された。これは，三河島下水処理場の処理水を水源とし，2カ所の浄水場から配水するものであった。さらに1971年には城北地区工業用水道事業として北・葛飾・板橋・足立の4区に配水が開始された。これは利根川水系フルプランにかかわる利根川河口堰分3.38m^3/sの水利権を水源とした。しかしながら図Ⅵ-5に示されるように，城北地区への供用開始直後の1972年が配水量のピークであり，その後は工場の移転・閉鎖や，冷却用を中心に用水の循環利用が進展し，配水量は急速に減少した。それに伴い，江東地区工業用水道は1980年に浄水場の1つを廃止した。城北地区工業用水道も1983年に，当初の利根川河口堰分3.38m^3/sの水利権を上水道へ転用し，前年に得ていた利根川水系草木ダム分0.98m^3/sと新規に

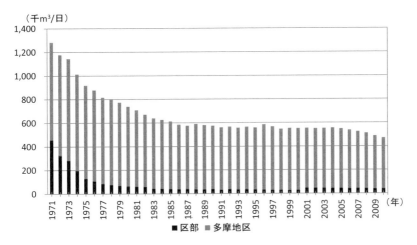

図Ⅵ-6 地下水揚水量の推移
東京都環境局「都内の地下水揚水の実態」より作成

取得した多摩川自流 0.59m³/s の計 1.57m³/s に水源が縮小された。そして，1997年には2つの工業用水道は，東京都工業用水道として事業統合された。また，1973年からは雑用水としての配水も開始し，現在では契約水量の4割以上が雑用水である。

とはいえ以上のような地下水揚水規制と工業用水道の建設によって，1970〜80年代にかけて地下水位は回復し，東京の地盤沈下は沈静化したといえる。

3.2 地下水揚水量の変遷

図Ⅵ-6は，東京都でデータを保存している1971年以降の地下水揚水量の推移を示している。1971年には全体で120万m³/日以上あった揚水量は，その後急激に減少し，1986年には60万m³/日を下回った。その後の減少率は大きくはないが，着実に揚水量は年とともに減少している。

区部の地下水の主な用途は，東部の低地部では工業用水である。当地の工業用水利用は，前節で述べた揚水規制と工業用水道への切り替え，および工場自体の移転や閉鎖によって，1980年頃までに激減した。西部の丘陵部では雑用

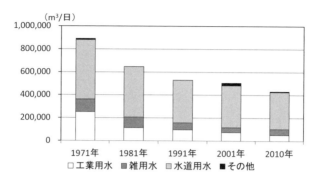

図VI-7 多摩地区における用途別地下水揚水量
東京都環境局「都内の地下水揚水の実態」などより作成

水や水道用水などの用途もみられるが，同様の揚水規制の影響で揚水量は減少した。これらによって区部の地下水揚水量は，1971年の46万m^3/日から2010年には4万m^3/日へと減少した。

　一方，多摩地区の地下水の主な用途は水道用水である。図VI-7に用途別揚水量の変遷を示したが，1981年以降は一貫して水道用水が約70％の割合を占めている。多摩地区も前述の東京都の条例による揚水規制の対象となっており，工業用水利用は1970年代に半減し，他用途の揚水量も減少傾向である。しかしながら水道用水に関しては，1971～2010年の減少率は工業用水や雑用水と比較すると小さい。

4. 多摩地区の水道水源としての地下水

　これまで述べたように，東京の都市用水利用の変遷は，水源としての地下水の利用を抑制しつつ表流水の利用を拡大していく過程であったといえる。一方で，現在の東京の都市用水における地下水利用の大半を占めるのが，多摩地区の水道用水である。

　表VI-3は，多摩地区の市町村別に上水道用地下水揚水量の変遷を示したものである。この表によると多摩地区の市町村は大きく4つの類型に区分するこ

表Ⅵ-3　多摩地区における市町村別上水道用地下水揚水量（m³/日）

		1971年	1981年	1991年	2001年	2010年
類型A	八王子市	12,068	7,430	5,680	6,870	2,714
	立川市	41,839	38,333	23,922	23,968	12,406
	府中市	45,731	45,717	28,475	28,797	24,677
	町田市	13,716	9,718	6,291	4,487	5,112
	小平市	21,941	11,576	7,509	9,007	6,136
	日野市	20,194	21,163	14,286	13,269	7,221
	狛江市	9,414	4,506	1,078	2,761	2,706
	東大和市	9,180	4,048	2,661	972	2,968
	東久留米市	11,162	11,900	5,625	5,141	2,209
	武蔵村山市	8,477	3,002	2,989	3,126	3,204
	多摩市	8,010	5,589	4,602	3,722	922
	稲城市	10,399	6,008	4,364	3,068	5,376
	西東京市	26,308	16,156	13,948	15,152	10,796
類型B	三鷹市	41,047	37,267	34,438	33,968	29,811
	調布市	27,205	41,093	44,198	43,430	38,378
	小金井市	25,302	23,942	19,037	23,073	20,164
	国分寺市	25,344	22,316	22,572	19,749	21,207
	国立市	12,247	19,172	13,344	13,533	12,964
	福生市	11,360	8,367	9,078	13,345	12,256
	あきる野市	5,392	8,553	6,216	3,559	5,247
類型C	武蔵野市	34,609	29,863	31,043	32,449	39,331
	昭島市	26,146	28,938	39,411	37,994	36,113
	羽村市	11,650	16,042	20,193	20,389	19,953
類型D	東村山市	1,541	174	0	0	0
	清瀬市	10,681	26	7	5	0
	青梅市	0	0	0	0	0
	瑞穂町	1,883	1,463	247	201	0
	日の出町	0	3,689	3,078	2,566	225
	檜原村	0	0	0	0	0
	奥多摩町	0	0	0	0	0

東京都環境局「都内の地下水揚水の実態」などより作成

とができる。まず，八王子市や立川市をはじめとする，2010年の地下水揚水量が1971年と比して60％未満に減少している自治体（類型A）である。類型Aでは，水道事業の都営一元化によって，それまで主に地下水を水源としてい

た水道事業に，主に表流水を水源とする都営水道の用水供給が加わることとなり，それに伴って従来の地下水源が大幅に縮小されることになったと考えられる。一方，水道事業が都営水道に一元化された自治体でも，たとえば三鷹市や調布市などのように，2010年の地下水揚水量が1971年と比して70%以上を維持しているところもある（類型B）。これらの自治体では，増大する水需要に対応するため都営水道を受水するようになったものの，従来の地下水源からの揚水もある程度維持されていると考えられる。さらに，武蔵野市，昭島市，羽村市といった都営一元化していない市（類型C）では，地下水揚水量は横ばいまたは増加傾向にあり，依然として水道水源の大半を地下水に求めている。最後の類型Dは，地下水揚水量が当初から0か非常に少ない自治体である。

　以下では，多摩地区の水道水源としての地下水利用の変遷と地下水保全の現状について，類型Dを除く3類型からそれぞれ事例自治体を取り上げて詳述する。具体的には，互いに近接し都市としての人口規模も近似している立川市（類型A），国分寺市（類型B），昭島市（類型C）を事例とする。3市は東京のほぼ中央に位置し，2011年度末時点での人口はそれぞれおよそ17万，11万，11万である。ともに市域の大半が武蔵野台地上にあり，立川市と昭島市の南部は多摩川沿いの低地部である。

4．1　都営水道に一元化した自治体の水道事業の変遷と地下水保全の現状

4．1．1　立川市の事例

　立川市の上水道は，1952年に通水を開始した。水源は3カ所の深井戸であった。創設間もない1950～60年代には，都市化の進展により給水人口が急増し，水道需要も増大した。立川市では1954,56,60,64,67年と立て続けに5期にわたる水道拡張事業を計画し実施してきた。その間の1963年には，砂川町が立川市と合併し水道事業も統合された。その結果，水源としての深井戸も25カ所に増設され，配水量も飛躍的に増加した（図Ⅵ-8）。

　その後も水道需要は増え続けたため，立川市は1970年，都営水道からの用水供給を受けるようになった。それ以来，都営水道からの受水量は年々増加し

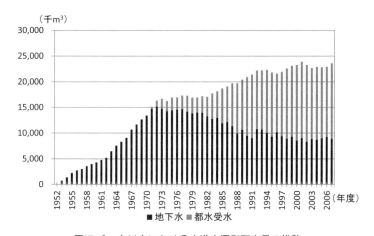

図Ⅵ-8　立川市における水道水源別配水量の推移
『立川市水道史』および立川市「受託水道事業統計年報」，「統計年報」より作成

ている一方，地下水揚水量は1980年代後半までにピーク時の約3分の2に減少した（図Ⅵ-8）。

　立川市の水道事業は1982年に都営一元化され，それ以降は東京都からの受託事業という形で継続してきたが，2008年度末をもって受託事業も終了し，都営水道に完全に移管された。地下水源はその後も，都営水道の水源としてある程度使用されているが，揚水量は移管前の約半分になった（表Ⅵ-3）。

　立川市における地下水に関する施策としては，雨水浸透施設設置助成がある。これは既設の一般住宅を対象に，20万円を上限として雨水浸透枡やトレンチ管の設置費を助成するものである。2010年8月に開始され，2011年度末までで77件に対して助成している。他には雨水貯留施設整備などの事業もあるが，これらの施策の趣旨としては地下水の涵養や節水という観点も含まれるものの，下水管への容量以上の雨水流入によるいわゆる都市型水害を防止するための治水・排水施策としての意味合いが強い。これらの施策は，1999年に策定された環境基本計画や，2000年に策定された第3次長期総合計画の中で謳われていたものである。同計画内では節水型都市づくりや地下水揚水量の抑制も施策として明記されていたが，水道事業移管後の2010年策定の第3次環境行

動計画では，環境保全策としての地下水涵養には言及しているものの，水利用に関するこの2点にはとくに触れられていない。

4.1.2 国分寺市の事例

国分寺市の上水道は1959年，市東部の東恋ヶ窪(ひがしこいがくぼ)に深さ170mの深井戸を掘削し，翌1960年に通水を開始した。その後，1974年までに2期にわたる拡張事業を実施し，水源として15カ所の深井戸と3つの浄水場を有することとなり，配水量も大きく増加した（図Ⅵ-9）。その間，人口増加や生活水準の高度化により水道需要も増加を続けていたが，地下水位の低下や地盤沈下問題が顕在化してきた。そのため国分寺市は1967年に都営水道からの分水を受けるようになり，さらに1975年には広域的な水源確保を求め，水道事業を都営水道へ一元化した。それ以来，東京都からの受託事業として水道事業を運営してきたが，2009年度末をもって終了し東京都へ移管された。図Ⅵ-9によると，1970年代から90年代まで，都営水道からの受水量は増加を続けているが，近年は水需要も停滞したことから横ばい傾向である。地下水揚水量は1980年代には減少傾向であったが，1990年代以降は約800万m³前後で推移している。国分寺市

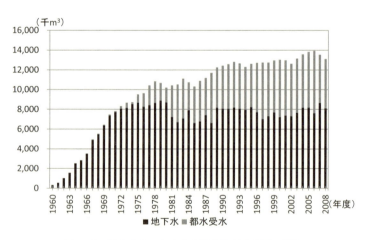

図Ⅵ-9　国分寺市における水道水源別配水量の推移
国分寺市「受託水道事業年報」より作成

は，従来の身近な水源としての深井戸取水55％確保を，東京都に対して要望しており，現在でもそれが維持されている。

国分寺市の地下水に関わる施策としては，雨水浸透枡設置事業，透水性舗装の推進，むかしの井戸づくり事業などがある。

雨水浸透枡設置事業と透水性舗装は，地下水の涵養および下水管への雨水流入の軽減を目的としたものである。前者は一般住宅における雨水浸透枡の設置に対してその費用の全額を助成するものである。1990年度から事業が開始され，2010年度末までに総計4,371基が設置された。後者は1986年度から，道路工事を行う際に歩道部分に施工されており，2011年度末までの累計施工面積は28,068m^2である。

むかしの井戸づくり事業は，災害時の給水拠点ならびに地域住民の交流の場として，市内の公園等に手押しポンプで揚水する井戸を設置するものである。1990年に2カ所で設置されたのを最初に，現在では19カ所に設置されている。井戸の深さは10～50mの浅井戸である。地域の市民防災推進委員の住民と市とで管理されており，定期的な水質検査も行われている。そのうち11カ所の井戸では，「井戸端会議」と称する地域住民の交流会が月に1度開催されており，地下水についての話題提供や地域の防災・防犯に関する情報交換が行われている。

国分寺市は，旧環境庁の名水百選にも選ばれている「お鷹の道・真姿の池湧水群」をはじめとする湧水（浅層地下水）の保全と災害時等における活用に積極的であり，毎月1回，主な湧水地の水量および井戸の水位の観測も行われている。さらに，2012年7月には湧水及び地下水の保全に関する条例も施行された。

4.2 都営水道に一元化していない自治体の水道事業の変遷と地下水保全の現状　　　　－昭島市の事例－

昭島市は1954年に，当時の昭和町と拝島村が合併して誕生した。昭島市の上水道は，その合併による新市誕生と同年に創設された。現在の水道部の敷地内に深さ110mの最初の水源井戸を掘削し，旧昭和町地域の一部へ配水を開始

した。水道創設以前は，各家庭に自己水源としての浅井戸が掘られており，当時の井戸数は市全体で848カ所であったとされる（昭島市水道部への聞取り調査による）。

　その後程なくして訪れた高度経済成長期には，工場誘致や住宅開発などにより水需要が急増した。それに伴って水道事業も，1957，61，67，78年の4度にわたる拡張事業を実施し，その間に水源井戸も20カ所に増設することで対応してきた。これらはいずれも，深さ110〜250mの深井戸である。図Ⅵ-10，Ⅵ-11は，創設間もない1956年から現在までの給水人口と普及率，および地下水取水量と1人1日平均配水量の推移を示したものである。給水人口は，総人口の増加に伴い現在も増加傾向であるが，普及率は1965年に90.0%を超え，1969年には99.0%を超えてほぼ100%を達成した。取水量は1975年までに急速に増加し1,000万m^3を超えたが，その後はしばらく横ばいである。そして1981年から再び増加に転じ，1992年にピークの1,476万m^3に達した。その後は給水人口の増加に反して，取水量は減少に転じている。これは1人1日平均配水量が減少したことによるものである。昭島市水道の施設能力は，1995年からの第5期拡張事業を経て，1日最大58,300m^3となったが，水需要がこれを上回ったことは一度もなく，水源井戸も1974年に最後の20本目が掘削されて以来増設していない。

　現在では東京で唯一である，この地下水100%の水道事業を維持するために，昭島市では，水道需要を増やさないための施策と地下水涵養量を減らさないための施策を行ってきた。まず1974年度からは，透水性舗装の整備事業を実施しており，毎年市内の歩道や車道，駐車場等を対象に改修工事を行っている。2011年度末までの総計で，総延長30,362m，面積85,355m^2において，透水性舗装が施されている。

　2001年度からは，雨水貯留槽設置助成制度と雨水浸透施設設置費補助の各事業を行っている。前者は，洗車や水まきなどのいわゆる中水として雨水を利用するための貯留槽の設置に対して，35,000円を上限に費用の3分の2までを補助するものである。2011年度までに252台に対して助成している。後者は透水性舗装と同様，コンクリートやアスファルトといった本来は非透水性の土

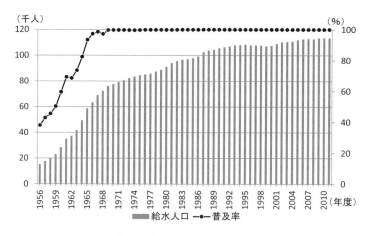

図Ⅵ-10　昭島市水道における給水人口と普及率の推移
昭島市水道部の資料より作成

図Ⅵ-11　昭島市水道における年間総取水量と1人1日平均配水量の推移
昭島市水道部の資料より作成

地被覆が卓越する都市部において，地表に降った雨をできるだけ地下へ浸透させるための浸透桝やトレンチ管の設置に対して，10万円を上限に全額補助するものである。2011年度までに302基の浸透桝と総延長84.4mのトレンチ管に対して助成している。

その他には，奥多摩昭島市民の森事業として，地下水の涵養源としての多摩川の源流域に用地を借り上げ，毎年2回，それぞれ約40人の市民が参加して，下草刈り等の森林管理体験を実施している。これは，水道水源の保全意識の啓発を目的として行われているものである。また，節水意識を啓発するための広報活動としては，水道部の施設見学や出前講座，水道だよりの発行なども毎年数回，随時行っている。

一方，昭島市では地下水位のモニタリングも，1954年の水道創設以来，毎月すべての水源井戸で行われている。その結果によると，1970年代前半まで地下水位は急速に低下しているが，1980年代には若干回復し，それ以降はほぼ横ばいで推移している（昭島市水道部，2005）。

渇水時や災害時における緊急水源としては，市内3カ所の配水場に加えて，7カ所の飲料貯水槽を備えている。しかし，1954年の水道創設以来，渇水による給水制限等の対策は1度も講じたことがない。また，市内には各家庭の自己水源としての浅井戸が，現在も約150カ所で利用されているといい（昭島市水道部への聞取り調査による），水質的に飲料用には適さないとしても，トイレや風呂には十分活用できるため，これらを保全していくことも，災害時の緊急水源確保にとっては重要なことである。

5. おわりに

東京をはじめとする大都市とその周辺地域は，20世紀の100年で急速な変貌を遂げ，森林・草地や農地といった透水性の土地被覆が，いわゆる都市的土地利用としてのコンクリートやアスファルトといった非透水性の土地被覆へと変化した。それによって，地上に降った雨は地下に浸透しにくくなり，河川や水路を通じて地表を流れ下るようになった（Yamashita, 2009, 2011）。

東京の都市用水利用の変遷を全体的にみれば，上水道の水源は当初から主に表流水であり，需要の増大に対しては，水源をより遠くの表流水に求めることで対応し，その一方で地下水利用は抑制されてきた。工業用水源は，工業用水道の建設によって従来の地下水から表流水への切り替えがなされた。このこと

と上記の土地被覆変化とを合わせて考えるなら，東京の都市用水利用に関わる水需給空間は，従来の地下空間も含めた3次元的なものから，地下空間を介さない2次元的かつ広域なものへと変化してきたと捉えることができる。

それを模式的に示したのが図Ⅵ-12である。上水道の水源としての表流水に関しては，矢印の始点と終点が水の供給地と需要地を表しており，線の太さが時代間，地域間比較からみた相対的な水量の多寡を3段階で示している。地下水揚水と地下水涵養に関しては，区東部，区西部，多摩地区に分け，表流水同様，それぞれ時代間，地域間比較からみた相対的な水量の多寡を3段階の線の太さで示している。その際，地下水涵養量については，本稿では具体的な数値を示していないが，山下ほか（2009）やYamashita（2011）で用いた土地利用データに基づいて，その相対的な多寡を推測した上で，地盤沈下の実情も踏まえて，同時代，同地域の地下水揚水量の多寡とも比較して表現した。

1930年代頃の上水道は，近郊の多摩川と江戸川を主な水源とし，区部のみに配水されていた。また区部においては，工業用水源として地下水が大量に揚水されていた。多摩地区の都市用水も地下水によっていたが，揚水量は多くなかった。1970年代頃になると，上水道の水源地は水需要の増大に伴って広域化し，相模川や利根川水系にも求めるようになり，多摩地区へも配水するようになった。区部における工業用の地下水揚水はほとんどなくなり，代わって多摩地区の都市化に伴う水需要の増加によって地下水揚水量が増加した。現在になると，上水道の水源地はさらに広域化し，渡良瀬川や霞ヶ浦など利根川水系の各地や荒川水系にまで拡大した。それにともなって多摩地区への配水量も増加した。一方，それによって多摩地区での地下水揚水量は減少したものの，一部は水道水源として維持されている。地下水涵養量については，20世紀初めから現在までに，土地被覆が透水性から非透水性のものへ変化していく過程の中で減少していったと考えられる。1970年代までに，区部では急速に都市化が進展し，多摩地区でも宅地化が進んだ。現在までに多摩地区ではさらなる都市化が進んだが，近年は雨水を浸透させる施策によって涵養量を維持する取り組みも行われている。

20世紀の100年で，東京の水道事業が推進した広域化と表流水源の増強お

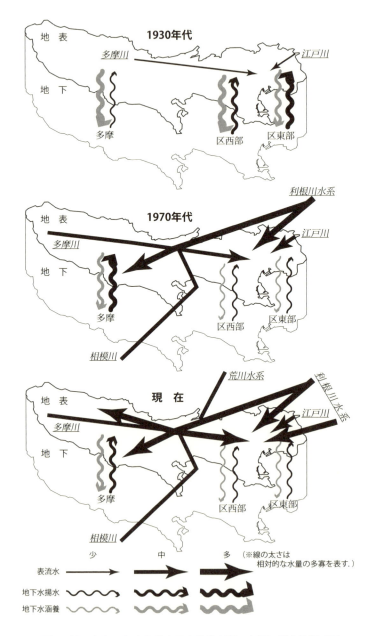

図Ⅵ-12　東京における都市用水需給空間の変遷に関する模式図

よび施設拡張は，水需要増大期においては用水の安定供給と地盤沈下問題の鎮静化に大きな貢献を果たした。しかし，水需要停滞・減少期といえる現代においては，これまでの広域化，拡大化とは異なる方策が求められる。そのような中，多摩地区では水道水源としての地下水利用が現在でもある程度維持されており，そのためのさまざまな取り組みがなされている。

　立川市水道における地下水利用は，1990年まで減少しその後は横ばいであった。しかし，水道事業の東京都への移管後に半減した。水道水源としての地下水の持続的利用に関する取り組みも，移管後にトーンダウンした感が否めない。一方で，雨水浸透施設設置助成などの，治水・排水対策および環境保全策としての地下水保全事業が2010年度から新たにはじまっている。

　国分寺市は，水道事業の都営一元化後も地下水揚水量を維持している。雨水浸透施設や透水性舗装の整備に取り組むほか，緊急水源としての浅井戸の活用にも積極的である。著名な湧水の存在が，行政，住民双方の湧水や地下水に対する意識向上に貢献している。

　昭島市は東京で唯一，地下水100％の水道事業を維持しており，2008年に制定した水道事業基本計画においても，「昭島の地下水（たから）とともに未来へあゆむ水道」と謳っている。雨水貯留槽設置や節水意識啓発など水道需要を増やさない取り組みと，雨水浸透施設設置や透水性舗装など地下水涵養量を維持する取り組みの両方を積極的に実施してきた。また，緊急水源の確保も行っているが，渇水による給水制限等の対策は1度も講じたことがなく，このことは，規模は大きくないとはいえ水道水源としての地下水の供給安定度を如実に示している。

　3市の事例からは，水道水源として地下水がよく利用されている自治体ほど，その保全にも積極的ということがいえる。このこと自体は当然のことであるが，逆にいえば，水道水源や緊急水源としての利用価値を行政も住民もよく認識し，それを維持していくことが，地下水保全にとって重要である。

　実際には，雨水貯留槽の設置および雨水浸透施設や透水性舗装の整備等の施策は，都市化によって非透水性土地被覆が拡大する中で，治水・排水施策や環境保全策として行われてきた側面が強い。しかしながら，水需要増大期が終わ

り，持続可能な水利用を目指した水資源の再編期に入った現代において，このような取り組みは，身近な水資源としての地下水を持続的に利用する趣旨からも再評価されるべきである．保全を担う地域社会にとっても，生活水源や水環境問題に対する住民意識の向上や水文化の醸成につながる．

したがって，水道事業の経営や管理は東京都に集中・一元化しても，水源施設に関しては，大規模な遠くのダム等に全面的に依存するのではなく，小規模分散型でそれぞれの地域の身近な地下水源も，その供給能力を確保し用水使用量を増やさない工夫をすることで，水需給のバランスを維持しながら利用していくことが望まれよう．

地下水揚水は確かに地盤沈下を引き起こす恐れがあるものの，かといって遠くの源流域や河口部における水資源開発が安易に容認されるものでもない．したがって，水道水源が表流水であろうが地下水であろうが，持続可能な水利用のためには，需要を増やさない工夫と身近な水源を再評価し維持する取り組みの両方が必要である．災害時の緊急水源の確保や，渇水時のリスク分散という観点からも，遠くの表流水を水源とする大規模な広域水道システムと，近くの地下水源を活用した小規模な分散水道システムが併存して相互補完することによって，持続可能な都市用水利用システムが実現するといえる．

[参考文献]
昭島市水道部 2005．『昭島の地下水』昭島市水道部．
伊藤達也 2011．ダム計画の中止・推進をめぐる地域事情．経済地理学年報 57：21-38．
清水　満 2007．地下水位上昇が鉄道構造物へ及ぼす影響とその対策．水環境学会誌 30：493-496．
立川市水道部水道史編さん委員会編 1985．『立川市水道史』立川市．
東京都土木技術支援・人材育成センター編 2011．『平成 22 年地盤沈下調査報告書』東京都土木技術支援・人材育成センター．
東京都環境局 2011．『東京都の地盤沈下と地下水の再検証について』東京都環境局．
東京都水道局 1986．『東京都工業用水道事業誌』東京都水道局．
東京都水道局 1999．『東京近代水道百年史』東京都水道局．
富樫幸一 2011．工業・都市の変容からみた都市用水と水資源開発－木曽川水系を事

例として―. 経済地理学年報 57：39-55.
徳永朋祥 2007. 首都圏の地下水水理ポテンシャルの変遷と地下水管理の可能性. 水環境学会誌 30：489-492.
益田晴恵編 2011. 『都市の水資源と地下水の未来』京都大学学術出版会.
森瀧健一郎 2003. 『河川水利秩序と水資源開発』大明堂.
山下亜紀郎・阿部やゆみ・髙奥 淳 2009. 東京・大阪大都市圏における旧版地形図からの土地利用メッシュマップ作成と土地利用変化の分析. 地理情報システム学会講演論文集 18：529-534.
Yamashita, A. 2009. Urbanization and the change of water use in Osaka City - Spatio-temporal analysis with data maps. *Proceedings of the International Conference on Hydrological Changes and Management from Headwaters to the Ocean*：571-575.
Yamashita, A. 2011. Comparative analysis on land use distributions and their changes in Asian mega cities. In *Groundwater and Subsurface Environments: Human Impacts in Asian Coastal Cities* ed. M. Taniguchi, 61-81. Springer.

Ⅶ章　都市の水辺景観と都市住民の生活との係わり

1. はじめに

　河川や運河，水路などといった都市内部の水辺景観に関する研究は，地理学をはじめ，建築学や環境工学，都市計画などの諸分野で盛んである。特に都市住民が周辺の水環境に親しみ，有効に活用していくための方策をめぐる議論が活発である。

　具体的に，都市内部の水環境をまちづくりに活かしている事例を検討した研究として，たとえば渡部（1984）は，全国の18の水路について，その歴史的背景や機能，水路を活かしたまちづくりや修景計画について紹介している。馬渕（1987）は，郡上八幡における用水路の多様な利用形態を詳述し，自治体による水環境整備事業（ポケットパーク構想）について紹介した。その結果，水環境の保全のためには行政側の努力とともに，住民一人ひとりの努力の積み重ねと意識化が必要と思われる，と結論づけている。塩崎・内藤（1994）は，現在の河川沿岸整備の実態と問題点について，中小河川や用水路が埋め立てや暗渠化によって消失していること，水辺空間整備事業が画一化していることを指摘した。そして出雲市の事例を踏まえながら今後の整備の基本的視点を，川と生活とのつながりの再確認，四次元的な整備，住民参加の導入の3点に要約して述べている。

　また近年では，都市内の水辺空間は，単なる身近な自然環境としてだけでなく，都市住民の余暇活動の場としての親水機能（たとえば，金・畔柳，2005；谷口，2008），ヒートアイランドの緩和機能（たとえば，一ノ瀬，2001；佐藤，

2009)，地震や火災時の被害拡大を抑えたり，都市型水害を緩和したりする防災機能（たとえば，坪井・萩原，2004）など，その多様な機能や効果にも注目が集まっている。

　一方，そのような都市の水辺景観に対して，地域住民や来訪者の意識や評価を分析した研究も多い。たとえば門野（1996）は，荒川流域の住民による河川環境の利用と意識について調査し，河川に対するイメージや要望が上・下流で異なることを示した。畔柳・渡邊（1999）は，都市生態学的視点から，都市の水辺空間の利用者が，情緒の安定・回復機能を求めており，さわやかさ，快適さ，リフレッシュ，やすらぎといった項目を水辺の評価において重要視していることを定量的に証明した。そして，坪井・萩原（2002）は，心理学の手法であるSD法を用いて，都市の水辺空間に対する住民の意識構造を，水辺空間が有する快適性と防災性の評価に主眼を置き分析した。

　しかし上記のような論考があるものの，都市住民による水辺景観の維持管理や有効利用に着目し，その利用形態や保全活動の実態を明らかにした研究は少ない。従来の研究は，将来どのような水辺景観を整備すべきであるかということに重点を置いているが，都市の水辺景観がいかにして保全され活用されるべきかを論じる際には，都市住民がそれに対して現在いかなる意識を持ち，どのように利用し維持管理しているかという視点に基づいて詳細を明らかにすることが重要であろう。

2. 研究の目的と方法

　そこで本章では，石川県金沢市の用水路景観を対象として，都市住民による用水路利用，ならびに用水路の維持に対する意識と実践について分析し，都市内の用水路が，行政，地域組織そして住民個人とによってどのように維持管理され，有効利用されているかを解明する。そしてそれによって，都市の水辺景観が将来，いかにして保全され活用されていくべきであるかについて考察する。事例地域とした金沢市は，市街地内を犀川と浅野川の2つの河川が貫流し，それらを中心に非常に豊富で多様な用水路網が発達している。それらは住居や街

路に沿って流れており，住民の生活空間に近接し従来から多様な用途で利用されてきた，金沢市を象徴する貴重な自然的・歴史的遺産である。

研究方法としては，住民個人単位による用水路の利用状況の変遷，ならびに用水路の維持に対する意識や実践について，アンケート調査を実施した。そして，住民属性や居住地による差異を分析した。また詳細な用水路の利用形態に関しては聞取り調査で補った。さらに，町会や老人会などの地域組織による用水路の維持や活用についても聞取り調査を行った。

調査対象地域は，図Ⅶ-1に示した長町校下と小立野校下である。「校下」とは小学校区を表す金沢市独自の用語であり，自治会組織における「町会連合会」とほぼ地域的範囲が一致する。金沢市の自治会組織は，約10戸ほどからなる「班」を最小単位とし，その班がいくつか集まって「町会」を形成する。さらに町会がいくつか集まって町会連合会（校下）を組織している。「校下」という地域単位を調査対象としたのは，分析対象として用水路沿いを含む空間的広がりを有するからであり，また住民個人に加えて町会や老人会などの地域組織の活動についても論じるからである。

アンケート調査は両校下それぞれ500世帯に対して実施した[1]。調査項目は大きく用水路の利用と，維持への参加の意識と実践の2点からなる。利用については用途ごとに現在も利用しているかどうか，過去に利用していた場合はいつごろまでかを尋ねた。維持への参加については，住民による維持管理の必要性を感じるかどうか，現在あるいは過去にごみ拾い等の清掃を行ったことがあるか等を尋ねた。長町校下からは227通（回収率45.4%），小立野校下からは185通（同，37.0%）の回答を得た。

3. 研究地域の概観

金沢市内には固有の名称を有する用水路が55本ある。それらは，山裾の自然植生の中を流下したり，市街地の中を縫うように貫流したり，広大な田園地帯の中を流れていたり，きわめて多様なものであり，金沢市固有の貴重な自然的・歴史的景観である。とりわけ，大野庄用水，鞍月用水，辰巳用水は，金

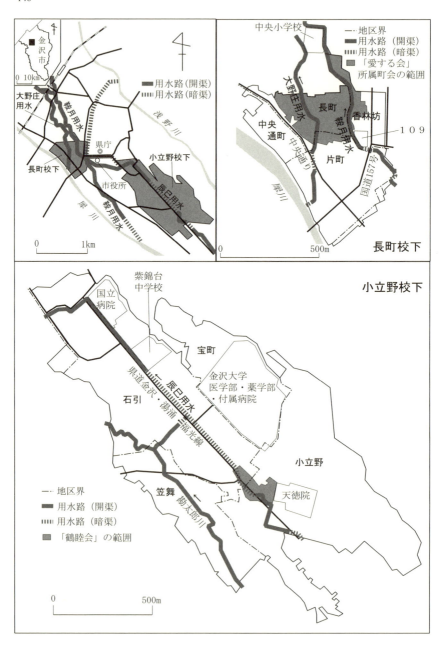

図Ⅶ-1 研究地域の位置と概要（1999年）

沢市の中心市街地を貫流している代表的な用水路であり，後述するように，その保存・修景に対する行政や市民の関心は特に高い。

　本章の対象地域である長町校下には大野庄用水と鞍月用水が流れ，小立野校下には辰巳用水が流れている。長町校下は，大野庄用水の最上流，鞍月用水の中流にあたる。ともに下流で農業用水として利用されている。小立野校下は辰巳用水の下流にあたり，校下より上流で用水は農業に用いられている。両校下はともに，県庁や市役所が立地する官庁街や，片町・香林坊といった旧来からの都心部に近く，明治期以来，都市化が著しく進展してきた地域である。

　長町校下は，飲食店や商店が立ち並ぶ旧来からの商業地区である片町地区[2]と，比較的新しい再開発ビル（109）などが立地する香林坊地区という金沢市の都心商業地区を有する（図Ⅶ-1）。また長町地区には，「長町武家屋敷群」と呼称される藩政期の武家居住地の景観が残されており，兼六園，金沢城公園とともに金沢市を代表する観光地である。現在,校下内に小学校は存在しないが[3]，旧校下の公民館活動や町会連合会としての機能は失われずに現存している。

　校下内を流れる大野庄用水と鞍月用水は，大部分が開渠である。景観整備事業として，大野庄用水では1985〜90年に，中央通りから中央小学校にかけて約600mの区間において，護岸整備や用水路沿いの歩道整備，安全柵の設置等が市によって施工された（写真Ⅶ-1）。鞍月用水ではまず1983〜85年に，「香林坊第一地区市街地再開発事業」によって109が建設されるのに伴い，それまで商店が占有し暗渠であった用水路を開渠化し，石積護岸が整備され，用水路沿いに柳並木やベンチなどが設置された（写真Ⅶ-2）。また1993年には，柿木畠ポケットパークの整備とそれに伴う鞍月用水の開渠化工事が実施された。1995〜2005年には，「金沢鞍月地区水環境整備工事」として109から中央小学校に至る420mの区間において，護岸整備，張出歩道の設置[4]，私有橋の付け替え，無電柱化といった工事がなされた（写真Ⅶ-3）。

　長町校下には，修景を施された用水路などの歴史的景観を保存し，後の世代へと引き継いでいくことを目的とした地域組織が存在する。それは，長町校下の7町会と北隣の長土塀校下の3町会からなる「長町武家屋敷界隈を愛する会」（以下，「愛する会」と略記）であり，後述するように，用水路の清掃をはじめ，

写真Ⅶ-1 大野庄用水の景観
（1999年6月，著者撮影）

様々な活動を展開している。

　小立野校下は主に，南東部の小立野地区と北西部の石引地区とからなる。校下内には，金沢大学医学部・薬学部などに代表される研究・教育機関や，天徳院などの神社仏閣が集積している。校下の中央を県道金沢・湯涌・福光線が貫いており，それと並行して辰巳用水が流れる。しかし，開渠部の割合は低く，天徳院周辺の一部と，紫錦台中学校前より下流のみである。景観整備事業としては国立病院（現在の国立病院機構金沢医療センター）から下流において1979年，石川県が事業主体となり，それまで暗渠であった用水路を開渠化し，石積護岸を整備した。当事業は，その後金沢市の多くの用水路で実施されることになる用水改修工事の先駆けとなった。1983年には，紫錦台中学校から国立病院までの区間（当区間はもともと開渠であった）において，石積護岸や塀も含めた修景整備が実施された。さらに1995年，紫錦台中学校前の歩道が張出歩道に改良された（写真Ⅶ-4）。

　小立野校下にも長町校下と同様，用水路景観を維持するために，清掃活動等を自発的に実践している地域組織がある。それは，用水路の開渠部周辺の町会

Ⅶ章　都市の水辺景観と都市住民の生活との係わり　149

写真Ⅶ-2　鞍月用水の景観1
（1999年6月，著者撮影）

写真Ⅶ-3　鞍月用水の景観2
（1999年4月，著者撮影）

（鶴睦会）や校下全体の老人会（福寿会）である。これらの活動については6.2で詳述する。

写真Ⅶ-4　辰巳用水の景観
(1999年6月，著者撮影)

　以上のように，長町校下と小立野校下は，金沢市でもっとも都市化が進展している地域であること，歴史的に貴重な価値を有する用水路が流れ，行政による修景工事が盛んであること，そして用水路景観を保全する地域組織が存在することなどの共通点がみられる。一方，相違点としては，長町校下が大野庄用水の上流，鞍月用水の中流にあたり，校下の下流に水田地帯が広がるのに対して，小立野校下は辰巳用水の下流に位置し，校下より上流に水田地帯を有することが挙げられる。こうした位置関係の差異は，両校下内における用水の水質や水量に影響をもたらし，住民による用水路の利用形態や頻度，維持における差異となって現れるものと考えられる。

4. 住民による用水路利用の変遷と利用形態

　図Ⅶ-2は，長町校下と小立野校下における用水路利用[5]の変遷を示している。図中の各用途の項目は，市当局や住民に対する聞取り及びアンケートによる予備調査に基づいて，過去あるいは現在，金沢で利用されている用途として抽出した。金沢市によると，金沢の用水路が現在も有する機能としては，農業用，融雪用，消火用，そして雨水排水路，親水用が挙げられる。その中で，都市住民により意図的に利用される用途は，融雪用，消火用，親水用・散策路であろう。

　他の研究事例によると，馬渕（1987）は，郡上八幡町の水路が洗い場，子どもの遊び場，庭への引水，防火，除雪処理用など多面的に利用されていると述べた。高瀬・広部（1988）は福井市の芝原用水の機能として「雪捨て」と「水まき」を挙げ，塩崎・内藤（1994）も，出雲市の高瀬川が住民の炊事・洗濯用に利用されていたことを述べている。これら住民の生活に密着した用途のうち，金沢市の用水路は洗濯，水遊び，水まき用などとして用いられていた。飲料用や炊事用としての利用は過去においてもほとんどみられなかった。金沢市では上水道が整備される以前から各戸に井戸が掘られており，飲料用・炊事用としては井戸水が主として利用されていた。

　図Ⅶ-2によると，長町校下では散策路や融雪用としての利用が現在に至るまでもっとも多く，消火用がそれに次ぐ。加えて，利用者数こそ少ないものの，道路や庭に水をまいたり，庭に水を引き込んだりする「曲水」という用途にも使われている。洗濯や水遊び場としての機能は，1970年頃を境に失われた。

　小立野校下においても，長町校下と比較して利用者数は少ないものの，用水路は現在でも散策路や融雪用として主に用いられている。洗濯，水遊び場としての利用，道路や庭に水をまくという利用は1970年頃にはみられなくなった。曲水としての利用は小立野校下には存在しなかった。

　こうしてみると両校下とも，住民による用水路利用は1970年頃を境にして，用水路が多様な用途に利用されていた時期と，散策路や融雪用といった用途に限定されるようになった時期とに二分することができる。1960年代から始ま

A 長町校下　　　　　　　　　　　B 小立野校下

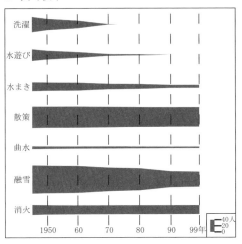
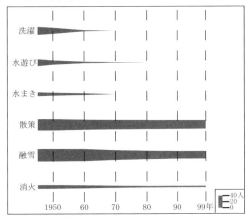

図Ⅶ-2　用途別用水路利用の変遷
帯の太さは利用者数を表す
アンケート調査より作成

る高度経済成長によって，金沢市の市街地は急速に都市化ならびにモータリゼーションが進展した。その結果，用水路の構造も用水路利用に供するものからの変化を余儀なくされた。具体的には，洗い場，用水路への入口としての「コウド」の消滅，道路拡幅や駐車場化による暗渠化であった。住民にとっても上水道や洗濯機等の普及により，生活用水としての利用の必要性が薄れたといえる。アンケート調査の結果からも多くの回答者が，用水路を利用しなくなった理由として，水質の悪化[6]に加えて，上水道への移行[7]と用水路へ近づきにくくなったことを挙げている。このように1970年頃を境に，用水路利用に関する転換が生じたのである。

4．1　1960年代以前における用水路の利用形態

本項では，1960年代以前において主要な用途であった洗濯・水遊び場としての利用形態について詳述する。

洗濯場として利用されていた当時，用水路には「コウド」と呼ばれる洗い場

が設けられていた。共同のコウドは，長町校下の大野庄用水では主要な橋のたもとに，鞍月用水においても数カ所存在し，また用水路沿いの家には私有のコウドも設置されていた。当時，住民は好天日にはほぼ毎日，洗濯物を抱えコウドに集って洗濯をした。しかしその利用形態は両用水路で異なるものであった。

大野庄用水周辺の住民は，まず自宅の井戸水を用いて洗濯をし，ある程度すすいだ後，仕上げのすすぎをするために用水路を活用した。それは流水の方がすすぎを効率的にできるからであった。一方，鞍月用水周辺の住民は，洗濯をする前に，おむつや便器などについた汚物を下洗いするために用水を常用した。

こうした利用目的の相違は，両用水の水質の相違に起因している。長町校下は大野庄用水の最上流に位置しており，取水口も校下内にある。そのため水質は非常に良好であった。そこで，住民は用水の清流を汚してはならないという意識から，最後のすすぎにのみ活用していた。一方，鞍月用水に関しては，長町校下はその中流に位置する。当時，上流には染物工場や製粉場などが立地しており，それらの排水の影響もあって，水質は大野庄用水ほど清浄ではなかった。そのため，最後のすすぎには利用されず，最初に汚物を落とすために用いられた。

以上のような相違はみられるものの，両用水路の洗濯場としての利用に共通しているのは，コウドで石鹸や洗剤を使うことが自粛されていたことである。これは両用水路が共に，下流の水田地帯において農業用水としての利用に供していたからであり，水質を悪化させないよう注意が払われていたのである。土地改良区としても，実際に都市住民による用水路利用が原因で水質が悪化し，農作物に影響が及ぶことはほとんどなかった。また町会もしくは個人が，土地改良区に対してコウドの使用料も支払っていた。そのため都市住民による用水路利用に関して，土地改良区との間で大きな争議になることは皆無であった。

一方，小立野校下の辰巳用水にもほぼ100 m間隔で共同のコウドが設けられていた。しかし洗濯場としての利用は，上流の小立野地区と下流の石引地区とで異なっていた。小立野地区の住民は，石鹸や洗剤も使用し洗濯の一部始終をコウドで行った。辰巳用水は，小立野校下より上流に水田地帯を有している。したがって長町校下とは異なり，下流に水田地帯がないため，用水路で石鹸や

洗剤を用いても大きな問題とはならなかった。一方，石引地区は，辰巳用水の最下流に位置するため，洗濯の一部始終を行うには水質に難があったようであり，住民は鞍月用水と同様，おむつや便器の下洗いをするために用水路を用いた。

　コウドは，洗濯機の普及と上水道への移行によって，1960年代から徐々に利用されなくなり，道路の拡幅や駐車場化，護岸改修工事などによって姿を消していった。それに伴い，洗濯場としての利用も1970年頃にはみられなくなった（図Ⅶ-2）。

　用水路で行われた水遊びとは，もっぱら魚とりであった。長町校下では，毎年10月頃になると，用水路の近くに住む小学生たちがコウドから用水路に下りて，網でアユ，ウグイ，カニなどをとって遊んだ。用水の水量は，下流で農業用水として利用されている関係上，季節によって変動するが，10月頃になると，子どもが安全に遊べる程度にまで水量は減少した。

　一方，小立野校下の辰巳用水では，住民は通年的に用水路へ下りることができたが，涼をとるという目的から，主に夏になると，校下全域の小学生男子がコウドから用水路へ下り，魚とりをして遊んだ。

　しかし，用水路への入口であったコウドが消失するのに伴って，水遊び場としての利用も減少していった。小立野校下では1980年までに，長町校下でも1990年までには利用されなくなった（図Ⅶ-2）。現在でもコウドが残存している箇所もあるが，柵が施され立入りは禁止されている（写真Ⅶ-5）。アンケート調査で子どもから直接回答を得ることはできなかったが，公民館の職員や小学生の子どもを持つ親への聞取り調査によると，現在の子どもたちにとって，用水路は立ち入ってはならない危険な場所として言い聞かされている。また，用水路自体も人が容易に侵入できる構造にはなっておらず，現在の子どもたちが水遊び場として用水路を利用することはまず考えられない。

4．2　1970年代以降における用水路の利用形態

　本項では，1970年代以降の主要な用途である散策路，融雪用，そして消火用としての利用形態について述べる。

写真Ⅶ-5　立入りが禁止されたコウドの跡
(1999年11月，著者撮影)

　散策路としての利用は，水そのものとは直接関わらないが，図Ⅶ-2によると現在に至るまでもっとも多くの利用者を有する。特に近年，行政による用水路沿いの景観と歩道の整備が進んでおり，好天日にはほぼ毎朝散歩に出かけるという住民もいる。また児童の通学路など生活道路としても利用されている。
　融雪用（雪捨て場）としては，依然として利用者数は多いものの減少傾向にある。これは積雪量の減少が最大の要因であろう。また，道路に融雪装置が設置されたこと，小立野校下では1960～80年代にかけて，用水路の紫錦台中学校より上流が相次ぐ道路拡幅工事で暗渠化したことなども一因と考えられる。しかし両校下を比較すると，利用者数の減少度は小立野校下の方が緩やかである（図Ⅶ-2）。

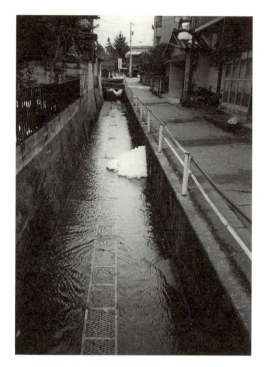

写真Ⅶ-6　蓋板式構造が施された用水路
(1999年12月，著者撮影)

　小立野校下の天徳院周辺の開渠部は，市によって1991年に，融雪用に供するため用水路の底をコンクリート化し，中央に溝を設けてそこを水が流れるような構造に改修された。毎年12月になると，中央の溝に「グレーチング」と呼ばれる網目状の蓋がかぶせられる(写真Ⅶ-6)。このような蓋板式構造によって住民は，雪で用水路を詰まらせることなく捨てることが可能となった。
　消火用としての利用は，近年，火災件数が減少しているとはいえ，用水路が現在も有する重要な機能である。第二次世界大戦前まで，用水路周辺で火災が発生した際には，地元の消防団が手押しポンプで用水を汲み上げ放水していた。戦後，特に1950年代後半になって，校下内の至るところに消火栓が設置されて以来，手押しポンプは使用されなくなった。しかし現在でも，長町校下の長

町地区においては，一度に複数の消防車が出動した際に，消火栓だけでなく用水も利用されている。用水路沿いに消防車が横付けし，消防隊員がホースを投入し用水を汲み上げる。また近隣住民も用水をバケツリレーして初期消火にあたる。

　さて，ホースで用水を汲み上げる際，ホースが完全に水に浸かっている必要がある。用水の水深が浅い場合，消防隊員がはしごやシートを用いて水を堰き止めたり，用水路の底に穴を掘ったりして水深を保たねばならない。それは一刻を争う消火活動においては，非常に時間を浪費することである。そのため市は1995年以来，市街地内を流れる用水路において改修工事が行われる際に，同時に用水路の底に通称「かまば」と呼ばれるすり鉢状の窪みを設けている（写真Ⅶ-7）。この窪みによって，消防隊員や住民は水量が少ない時期でも消火用として用水を利用することができる。

　以上，両校下における用水路利用の変遷と利用形態について詳述した。1970年頃までは，用水路は住民の生活の中で，非常に多様な機能を果たしていた。しかし現在では，用水路は暗渠化や改修工事といった構造の変化や，洗濯機や上水道の普及といった住民のライフスタイルの変化に伴い，散策用としての「見て楽しむ」機能と，融雪用や消火用としての「防災」機能に特化してきたといえる。利用形態に関しては，用水路の上流であるか下流であるか，水田地帯よりも上流に位置するか下流に位置するかによって異なるものであった。

5．住民属性・居住地に基づく用水路利用と維持にみられる差異

5．1　用水路利用にみられる差異

5．1．1　住民属性
　表Ⅶ-1は，長町校下，小立野校下の，住民属性別・用途別の用水路利用者数を示したものである。長町校下では56.9%の住民が，現在あるいは過去に何らかの用途で用水路を利用していたのに対して，小立野校下では37.8%にとどまっており，長町校下住民の方が，用水路をより利用していることがわかる。

写真Ⅶ-7　消火用の「かまば」
（1999年11月，著者撮影）

　性別に関して，長町校下では，男性よりも女性の方が用水路をよく利用している一方，小立野校下では，男性の利用者が多い。用途別にみると，洗濯場としての利用は女性に，水遊び場としては男性に卓越している。水まき用，散策路，消火用としての利用には性差がみられないが，融雪用としては両校下で異なる傾向が認められる。長町校下では現在，融雪用としての利用者数は女性の方が多いが，過去においては男性の方が多かった。対照的に小立野校下では，除雪作業が過去において女性の役割であったものが，次第に男性のものになりつつある。この要因については後述する。
　年齢別では，小立野校下において年齢層が上がるにつれて，用水路の利用者数は増加傾向にあるが，長町校下において年齢による差異はさほどみられ

Ⅶ章 都市の水辺景観と都市住民の生活との係わり 159

表Ⅶ-1 長町・小立野校下における住民属性別・用途別用水路利用者数（人）

			総数	洗濯		水遊び		水まき		散策		融雪		消火	
				現在	過去	現在	過去	現在	過去	現在	過去	現在	過去	現在	過去
長町校下	全体		129	0	53	1	41	10	23	64	7	49	47	30	3
	性別	男性	56		19		28	4	12	27	3	18	25	16	2
		女性	64		30	1	10	6	10	33	4	27	19	13	1
		不明	9		4		3		1	4		4	3	1	
	年齢	40歳未満	7			1	3		1	3	1	4	3	1	
		40歳代	17		4		8	2	1	12		10	3	3	
		50歳代	25		6		9	1	6	11	1	11	10	4	
		60歳代	37		16		10	3	5	25		10	11	10	1
		70歳以上	41		25		10	4	10	12	5	14	18	12	2
		不明	2		2		1			1			2		
	居住年数	10年未満	4							2		2			
		10〜20年	5				1			2		2	1		
		20〜30年	17		2		4	3	2	9	2	9	4	3	
		30〜40年	19		3	1	4		1	12		4	10	4	
		40〜50年	27		13		12		4	13		13	9	6	
		50年以上	56		34		20	7	16	25	5	19	22	17	3
		不明	1		1		1			1			1		
小立野校下	全体		70	0	29	0	23	0	16	28	10	25	19	5	7
	性別	男性	35		15		17		10	13	7	18	7	4	3
		女性	33		12		5		6	14	3	6	12	1	3
		不明	2		2		1			1		1			1
	年齢	40歳未満	2				1			2			1		
		40歳代	8		2		2		3	4	2	2	3		
		50歳代	17		5		7		2	10	1	8	4	1	1
		60歳代	15		10		6		5	5	3	5	6	2	1
		70歳以上	27		11		7		5	7	4	9	5	2	4
		不明	1		1				1			1			1
	居住年数	10年未満	1							1					
		10〜20年	1										1		
		20〜30年	6				1		1	4			4		
		30〜40年	8		1		2			4	1	2	3		
		40〜50年	15		7		4		3	6	3	7	1	1	2
		50年以上	39		21		16		12	13	6	16	10	4	5
		不明	0												

空白は0人
現在：現在も利用している
過去：過去に利用していた
複数回答
アンケート調査より作成

ない。用途別にみると，過去に洗濯場として利用していたのは60歳以上の年齢層に特化するが，水遊び場としては40，50歳代によっても利用されていた。現在の主用途である散策路や融雪用に関しては，年齢的な偏りはあまりみられない[8]。

居住年数についてみると，長く居住している人ほど用水路の利用者数が多く，とりわけ50年以上で顕著である。長町校下では，10年未満の33.3％から50年以上の69.1％まで一貫して利用者の割合が増加する一方，小立野校下では20年を境として，それ未満の層にはほとんど利用されていない。用水路の用途別にみても上記の傾向は顕著である。

長町校下と比較して小立野校下で全体的に利用者数が少ない要因として，同校下内を流れる辰巳用水の暗渠化率が高いことが挙げられる。辰巳用水は県道に沿って流れているが，1955年以前は，大部分が開渠であった。しかしそれ以降1980年代までにかけて，道路拡幅工事などに伴い，次第に暗渠化された。この暗渠化の進展が用水路への近接性を低下させ，利用者数を減少させてきた一因といえる。

もう1つの要因としては，辰巳用水の水量が著しく少ないことが挙げられる。辰巳用水土地改良区の水利権は$0.6m^3/s$であるにもかかわらず，実際には$0.3m^3/s$程しか取水できない。この水量不足の遠因は，1961年から起工した上水道の第3次拡張事業によって，辰巳用水取水口より上流に犀川ダムが設けられたことにある。以来，水量不足は辰巳用水の慢性的な問題であるが，下流の小立野校下に至るまでにさらに水量は少なくなる。その理由の1つは言うまでもなく，水田地帯で農業用として消費されるからである。また別の理由は，最下流の兼六園へ，用水路の本流とは別の地下トンネルによって，優先的に導水しているためである[9]。

洗濯・水遊び場としての用途は，前述の通り1970年頃には消失してしまったが，洗濯場としての利用が卓越した現在の60歳以上の女性は当時の主婦層，水遊び場としての利用が卓越した40，50歳代の男性は当時の小学生男子に該当する。これは先述の利用形態に関する記述と一致するものである。

現在の主用途である散策路や融雪用に関しては，長町校下では属性による差

異はさほど明瞭ではない。しかし小立野校下では，年齢で40歳未満，居住年数で20年未満の人にはほとんど利用されていない。長町校下の用水路は，大部分が開渠であり，また景観や歩道の整備も進んでおり，住民にとって利用しやすい環境が整っているといえる。しかし小立野校下でそのような整備が進んでいるのは，紫錦台中学校前より下流ほか一部のみで，上流はほとんど暗渠化されているためであろう。

　これらのことから，長町校下においては，用水路は幅広い年齢層に利用されていること，居住年数が長いほど利用者数は多いが，短い人による利用も決して少なくないことが明らかになった。一方，小立野校下においては，ダム建設による水量の減少と道路拡幅工事による暗渠化が進んだ1970年前後が，用水路利用の1つの転機であったことが伺える。また年齢が高く，居住年数の長い人にとって，用水路は生活に不可欠なものであったし，用水路に対する愛着も強い。しかし，年齢が若く，居住年数も短い住民にとって，用水路が有する利用価値というのは，必ずしも高くないことがいえる。

5.1.2　居住地

　ここでは，散策路と融雪用に関する利用者の分布とその変遷を追うことにより，用水路の利用者にみられる空間的な分布パターンについて考察する。

　長町校下において，用水路は散策路（図Ⅶ-3）として現在も多くの住民に利用されており，過去に利用しなくなった人はごくわずかである。利用者の分布は広範囲にわたるが，片町地区北部から長町地区にやや集中している。一方，融雪用（図Ⅶ-4）としては，1970年頃までは比較的広範囲の住民に利用され，現在の散策路利用者と同様の分布を示していたが，1970年代以降利用者数は減少し，現在ではほぼ用水路沿いの住民に限られている。

　長町地区は，市による用水路沿いの景観・歩道の整備がもっとも進展しており，散策路利用者の分布もそれを反映している。

　融雪用としては従来，約0.6～1.0mの積雪があった際に，住民は屋根や道路の雪を用水路まで運んで捨てていた。このような屋根の雪下ろしや用水路への運搬作業は，主に男性に委ねられていた。積雪量が毎年多かった1970年代

図Ⅶ-3 長町校下住民の散策路としての用水路利用
n=70
アンケート調査より作成

　以前には，雪捨て場としての用水路は住民にとって必要不可欠であったが，積雪量が減り，道路の融雪装置も完備された現在においては，用水路を必ずしも利用する必要はない。したがって，住居が用水路から離れている住民には利用されず，用水路沿いの住民が，住居のすぐ側を流れているために，雪捨て場としているといえよう。こうした現在の融雪用としての利用形態は，従来のような体力的負担を要しない。そのため次第に家事の一部として女性の仕事になり

VII章　都市の水辺景観と都市住民の生活との係わり　163

図VII-4　長町校下住民の融雪用としての用水路利用
n=92
アンケート調査より作成

つつある傾向がみられるのである。

　小立野校下における散策路としての利用者も，県道沿いにやや集中する傾向があるものの，現在も比較的広範囲に分布する。現在，融雪用としての利用者は，用水路の開渠部周辺，特に天徳院周辺の開渠部沿いで顕著に集中しており，県道沿いにも多い。

　天徳院周辺で融雪利用者が多いのは，先に述べたように市によって融雪用の

蓋板式構造が施されているからである。また，積雪量が多い時には，県道沿いの歩道下に暗渠となっている用水路も雪捨て場として利用される。その際，住民は，歩道に等間隔に設置されている鉄製の蓋を外し，そこから雪を捨てる。この作業は開渠部に捨てる場合と比較して労力を要する。さきに現在男性の仕事になりつつあるという結果が出たが，その一因がここにあるといえよう。

これらの結果から，散策路としての利用圏は現在でも比較的広範囲であるが，融雪用としては，用水路までの距離に比例して徐々に利用者が減少し，その分布が地域的に限定されてきていることが示された。融雪用としての利用は，現在も用水路が有する主要な機能の1つであるが，前述のように年々利用者が減少する傾向にあることも事実である。両用途の比較から，用水路の利用者数の空間的な減少プロセスが明らかとなった。

5.2 用水路の維持にみられる差異

5.2.1 住民属性

表Ⅶ-2は，住民による用水路の維持に対する意識を属性別に集計したものである。長町校下全体では54.6%の住民が，住民による用水路の維持の必要性を感じている。性別による差異はみられないが，年齢の高い人，居住年数の長い人ほど，用水路の維持に対する意識は低い。小立野校下全体では，長町校下より意識は若干高く，64.3%の住民が必要性を感じており，男性でより意識が高い。年齢や居住年数では概ね，年齢の高い人，居住年数の長い人ほど住民による用水路の維持に対する意識は低いが，居住年数30～40年で著しく低い。

表Ⅶ-3は，用水路の維持の一例として，現在あるいは過去に用水路の清掃活動をしたことがある住民について属性別に集計したものである。実際に清掃を実践している住民の割合は，全体では長町校下の方が高く，同校下住民の方が清掃活動にはより積極的であるといえる。属性別にみると，性差は特にないが，年齢では40歳代と60歳以上，居住年数では20～30年と40年以上の人が積極的であり，町会等の行事としてだけでなく，日頃から個人的に清掃してきた人も比較的多数いる。小立野校下では，居住年数30～40年と50年以上，

表VII-2 住民による用水路維持の必要性に対する意識（人）

			計	住民による用水路維持		無回答
				必要	不必要	
長町校下	全体		227	124 (54.6)	63 (27.8)	40
	性別	男性	108	59 (54.6)	33 (30.6)	16
		女性	106	59 (55.7)	24 (22.6)	23
		不明	13			
	年齢	40歳未満	15	12 (80.0)	1 (6.7)	2
		40歳代	32	21 (65.6)	6 (18.8)	5
		50歳代	58	35 (60.3)	16 (27.6)	7
		60歳代	60	31 (51.7)	13 (21.7)	16
		70歳以上	59	25 (42.4)	25 (42.4)	9
		不明	3			
	居住年数	10年未満	12	9 (75.0)	2 (16.7)	1
		10～20年	13	11 (84.6)	2 (15.4)	0
		20～30年	37	23 (62.2)	9 (24.3)	5
		30～40年	37	17 (45.9)	12 (32.4)	8
		40～50年	46	27 (58.7)	10 (21.7)	9
		50年以上	81	37 (45.7)	27 (33.3)	17
		不明	1			
小立野校下	全体		185	119 (64.3)	36 (19.5)	30
	性別	男性	73	53 (72.6)	13 (17.8)	7
		女性	106	64 (60.4)	20 (18.9)	22
		不明	6			
	年齢	40歳未満	19	14 (73.7)	0 (0.0)	5
		40歳代	37	26 (70.3)	4 (10.8)	7
		50歳代	48	32 (66.7)	13 (27.1)	3
		60歳代	41	25 (61.0)	7 (17.1)	9
		70歳以上	38	21 (55.3)	11 (28.9)	6
		不明	2			
	居住年数	10年未満	18	15 (83.3)	1 (5.6)	2
		10～20年	23	16 (69.6)	3 (13.0)	4
		20～30年	32	20 (62.5)	5 (15.6)	7
		30～40年	23	17 (73.9)	1 (4.3)	5
		40～50年	27	18 (66.7)	4 (14.8)	5
		50年以上	62	33 (53.2)	22 (35.5)	7
		不明	0			

括弧内は割合（%）（無回答については省略）
各属性「不明」に関してはデータ省略
アンケート調査より作成

表Ⅶ-3　長町・小立野校下住民の属性別用水路清掃活動の有無（人）

			計	有	形式＊ A	B	C	D	無	無回答
長町校下		全体	227	69(30.4)	30	39	4	2	125(55.1)	33
	性別	男性	108	34(31.5)	16	20	0	1	60(55.6)	14
		女性	106	34(32.1)	16	18	4	1	56(52.8)	16
		不明	13							
	年齢	40歳未満	15	3(20.0)	1	2	1	0	11(73.3)	1
		40歳代	32	12(37.5)	8	6	0	0	17(53.1)	3
		50歳代	58	12(20.7)	4	5	1	2	41(70.7)	5
		60歳代	60	19(31.7)	7	13	1	0	32(53.3)	9
		70歳以上	59	23(39.0)	10	13	1	0	22(37.3)	14
		不明	3							
	居住年数	10年未満	12	2(16.7)	0	2	0	0	10(83.3)	0
		10～20年	13	2(15.4)	0	1	1	0	9(69.2)	2
		20～30年	37	13(35.1)	8	5	1	1	17(45.9)	7
		30～40年	37	8(21.6)	2	6	1	0	25(67.6)	4
		40～50年	46	17(37.0)	7	9	0	1	23(50.0)	6
		50年以上	81	27(33.3)	13	16	1	0	40(49.4)	14
		不明	1							
小立野校下		全体	185	47(25.4)	12	36	2	1	104(56.2)	34
	性別	男性	73	24(32.9)	9	17	1	1	34(46.6)	15
		女性	106	21(19.8)	2	18	1	0	68(64.2)	17
		不明	6							
	年齢	40歳未満	19	3(15.8)	0	3	0	0	14(73.7)	2
		40歳代	37	7(18.9)	2	5	2	0	30(81.1)	0
		50歳代	48	13(27.1)	3	10	0	0	21(43.8)	14
		60歳代	41	11(26.8)	3	7	0	1	24(58.5)	6
		70歳以上	38	12(31.6)	4	10	0	0	15(39.5)	11
		不明	2							
	居住年数	10年未満	18	1(5.6)	0	1	0	0	16(88.9)	1
		10～20年	23	4(17.4)	0	4	0	0	17(73.9)	2
		20～30年	32	8(25.0)	1	6	1	0	19(59.4)	5
		30～40年	23	8(34.8)	2	5	0	1	10(43.5)	5
		40～50年	27	6(22.2)	2	5	1	0	16(59.3)	5
		50年以上	62	20(32.3)	7	15	0	0	26(41.9)	16
		不明	0							

括弧内は割合（％）（無回答については省略）
各属性「不明」に関してはデータ省略
＊：複数回答，A；個人的に，B；町会等の行事，C；その他，D；不明
アンケート調査より作成

年齢70歳以上の男性を中心に，主に町会等の行事として清掃活動が実行されている場合が多く，個人的に実践している人の割合は長町校下より低い。

以上の結果から，両校下において，住民による用水路維持の必要性を感じている住民の属性と，実際に清掃活動を実践している住民の属性とに齟齬があることがわかる。つまり実際の清掃活動は，用水路の維持に対して高い意識を持っている人によって必ずしも行われてきていないのである。

例えば長町校下における70歳以上の年齢層に着目すると，「住民による用水路維持は不必要」と回答した人の割合が42.4%と，全年齢層でもっとも高い値を示すのに対し，現在あるいは過去に清掃活動を行ったことがある人も39.0%ともっとも高い値を示す。1960年代頃までは，住民はコウドから容易に用水路へ下りることができた。当世代は当時から日常生活の中で，個人的あるいは町会等の行事として清掃活動を実践してきた。しかし，近年の行政による修景工事によって，散策路としての美しい景観が創出され，防災面における機能が向上したものの，コウドは復元されず，用水路の底も石打ちされて凹凸が著しい。そのため住民が日常的に用水路へ下り，ごみ拾いや雑草取りをすることが困難になった。アンケート調査で住民による維持は不必要と回答した人の8割以上が，その理由を「行政等がやるべきである」と答えており，上述のことが，当世代における意識の低下を招いたと考えられる。

一方，小立野校下の居住年数20年未満の層に着目すると，「住民による用水路維持は必要」と回答した人の割合が75.6%と高い値を示すのに対し，実際に清掃活動を行ったことがある住民は12.2%にとどまる。前述の通り，小立野校下における住民による清掃活動は，年齢が高い，居住年数30年以上の人によって主に実践されており，居住年数20年未満の人が「住民による維持は必要」と答えたときの「住民」には自分自身は想定されていないのである。つまり「誰かがしなくてはいけないことだけれども，自分から進んではしない」という心理が作用していると考えられる。

5．2．2　居住地

次に，住民による用水路の清掃活動の有無について，居住地による差異を

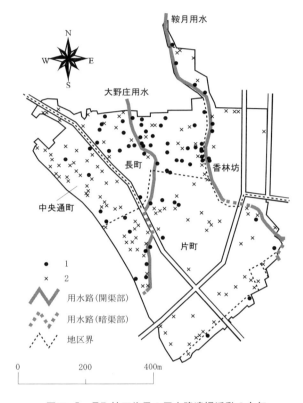

図Ⅶ-5　長町校下住民の用水路清掃活動の有無
n=194
1：清掃活動を行ったことがある
2：清掃活動を行ったことがない
アンケート調査より作成

明らかにする。長町校下（図Ⅶ-5）では，用水路を清掃した経験がある人は，用水路沿いと長町地区とにきわめて集中しており，同地区住民の清掃活動に対する積極性がうかがえる。用水路の清掃経験者の分布は用水路利用者の分布と類似するものであり，したがって，用水路利用者ほど清掃活動をよく実践していることが指摘できる。

　小立野校下（図Ⅶ-6）では，清掃活動を実践したことがある人は，用水路

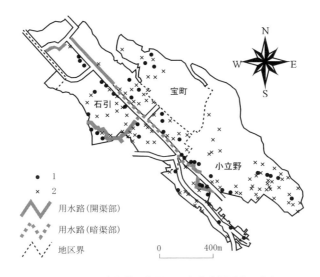

図Ⅶ-6　小立野校下住民の用水路清掃活動の有無
n=151
1：清掃活動を行ったことがある
2：清掃活動を行ったことがない
アンケート調査より作成

の開渠部周辺にやや集中しているものの，校下全体に分散しているといえる。そのため長町校下ほど明確な分布傾向はみられず，用水路利用者の分布とも必ずしも一致しない。つまり，用水路を利用していない人も，清掃活動に従事していることになる。

　本項の結果をまとめると，長町校下において用水路の清掃活動を実践しているのは，主に70歳以上と40歳代の，用水路沿いと長町地区に居住する人である。小立野校下では，高齢者ほど積極的であり，清掃を行ったことがある人の居住地は校下全体に分散する。こうした傾向は，次節で詳述する「愛する会」や「福寿会」などの地域組織による清掃活動に参加する人の属性，居住地と一致するものである。「愛する会」の清掃活動に参加するのは，所属10町会の世帯主世代（40代）が中心である。「福寿会」とは小立野校下全体の老人会組織である。このことから，住民による用水路の維持においては，地域組織による活動がい

かに重要であるかがわかる。

6. 地域組織による用水路の維持と活用

　金沢市において用水路の維持管理を担っているのは，基本的に市街化区域内では市役所，区域外では土地改良区である。長町校下，小立野校下ともに全域が市街化区域に指定されており，用水路の修繕（岸の補修や浚渫など）は，専ら市役所によって行われている。一方で，定期的な清掃に関しては，市街化区域内であっても土地改良区によってなされている場合もあり，町会や老人会，地域住民の任意団体などによる行事として自発的に行われている場合もある。また，用水路をシンボルとした祭りや，用水路を活用した行事なども開催されており，用水路とその周辺環境を地域住民の手によって守り，利用していくための活動が展開されている。本節では，このような地域組織による用水路の維持と活用について詳述する。

6.1　長町校下

　鞍月用水土地改良区は，市街化区域外だけでなく，長町校下を含む区域内においても，定期的な清掃活動を行っている。用水路が市街化区域から市街化調整区域に入る所に，鞍月用水六枚管理棟があり，1994年までは組合員が2，3日交替で宿直し，市街化区域内における用水路の清掃や見回りを行っていた。1994年，用水路を流れてきたごみを引っかけ，自動で岸にあげる大型除塵機が，管理棟脇に設置されて以来，管理棟は無人化したが，用水路の見回りは続けられている。

　市街化区域内には，管理棟脇や取水口の所など3カ所にごみを引っかけるための熊手状の鉄柵が設置されている。4～8月の灌漑期には，組合員が交替で毎朝，その3カ所を見回りし，ごみを撤去している。また，非灌漑期においても1998年以来，109～中央小学校の区間の清掃を毎月1回実施している。これは1995年から同区間において施工された「金沢鞍月地区水環境整備工事」に伴う地域用水機能増進事業の一環として，市から土地改良区へ清掃が委託さ

れたためである．それ以外にも毎年3月の田に導水する直前には，取水口から六枚管理棟までの区間をすべて一斉清掃している．鞍月用水は取水口から受益区域に到達するまでに，長距離にわたって市街地内を通過する．そのため土地改良区も，市街化区域内にまで監視を行き届かせ，徹底した管理を行っているのである．

長町校下内の7町会と北隣の長土塀校下の3町会から構成される「愛する会」は，町会連合会とは異なる，住民による任意団体であり，1991年12月に発足した．「愛する会」発足前から，当時の会長を中心として，長町地区の歴史的町並みを守るための運動や，行政への陳情などの活動がなされてきた．それらの活動の結果，武家屋敷群の土塀の復元，用水路の石積護岸工事や散策路の整備などが，市によって実施された．「愛する会」の設立主旨は，こうして修景された用水路や土塀を中心とする長町武家屋敷界隈の町並みを，行政ではなく地域住民によって保存し，後の世代へ継承していくことである．構成員は10町会に属する住民であり，各町会に2～3人の理事を置いている．

「愛する会」は，1991年から毎年3月末と10月の2回，用水路の清掃活動を実践している．校下より下流に水田地帯が広がるため，清掃活動は灌漑期に入る直前と非灌漑期に入った直後に実施されている．「愛する会」が，市の観光課を通して両用水の土地改良区と連絡を取り，清掃日を決定している．当日は土地改良区が取水口の水門を閉め，水量を通常の約3分の1程度にする．大野庄用水では取水口から中央小学校までの区間が，鞍月用水では109から中央小学校までの区間が清掃されている（図Ⅶ-1）．各町会の世帯主世代を中心に，50～60人が清掃に参加する．その他に市の観光課職員や観光協会のボランティアなども20人ほど加わり，総勢約80人となる．

1995年から毎年1月には，消防署に協力を要請し，用水を使った消火訓練も実施されている．50～60人の参加者が，消防署員の指導のもと，ポンプで用水を汲み上げ，バケツリレーをして消火にあたる．長町地区は道幅が狭く入り組んでおり，木造建築も多いことから，用水を利用したこのような地域住民による初期消火は，被害を最小限に止めるためには非常に重要である．

その他にも「愛する会」は，用水路沿いの違法駐車の防止や植生の樹種構成

の改善，ホタルの生態系保護などに対する市への陳情，用水路や武家屋敷に関する観光客用の案内看板・パンフレットの作成なども行っている。このように「愛する会」は，地域の自然的・歴史的環境を保存し，有効活用するために，行政に対して積極的な政策提言をし，また自らも非常に活発な活動を展開している。

また長町校下では，鞍月用水沿いの商店街である，せせらぎ通り商店街によって，1999年9月5日に「せせらぎ祭り」が開催された。この祭りは，「金沢鞍月地区水環境整備工事」によって新しい景観が創出されたことを契機に，商店街の活性化と広報を目的として開催された。商店街内のビル建設予定地が主会場となり，用水路沿いの通り（せせらぎ通り）が歩行者天国となった。通りには商店街加盟店の屋台などが立ち並び，主会場では，地元住民による太鼓演奏やバンドの演奏，加盟店の商品のオークションなどが催された。市の商業振興課から補助金が出たこともあり，祭りは盛大に開催され，商店街の会員同士の結束を強化することにも大きな効果をもたらした。

せせらぎ通り商店街は，1999年6月に発足した新しい商店街であり，その他にも，用水路を象った商店街のシンボルマークを作成したり，フリーマーケットを開催したりしている。行政による大規模な修景工事が，地域住民の用水路に対する意識を高め，地域社会の活性化を促したことは，行政と住民とが一体となって，地域内を流れる用水路を有効に活用した好例であるといえよう。

6．2　小立野校下

小立野校下においては，定期的に用水路の清掃活動を実践している団体として，校下全体の老人会組織である「福寿会」や，単独の町会である鶴睦会（かくぼく）を中心とした「辰巳用水を美しくする会」がある。

毎年9月20日前後に，金沢市内のすべての老人会が一斉に地域の清掃活動を行っているが，福寿会は，小立野校下内の用水路，公園，寺社の境内などを清掃している。校下全体で約180人が参加する[10]。こうした清掃活動は1960年代から毎年実施されてきた。その他にも，石引地区の開渠部を含む地区では，1992年から毎年4，5月頃にも，地区の福寿会役員によって用水路の清掃活動

が続けられている．その規模は9月の活動ほどではなく，10人程度でなされている．

　辰巳用水を美しくする会は，1970年以来，天徳院周辺を開渠で流れる辰巳用水の清掃活動を続けてきた．1994年まで，清掃活動は毎月1回実施されていたが，その後は，年に2,3回程度である．清掃の回数が減少したのは，継続的な清掃活動によって用水路内のごみが減り，その結果，ごみを投棄する人も減り，用水も清らかになったからである．通常，清掃の時期は，4,5月頃，8月中旬，10月頃である．毎回，鶴睦会の各班から1,2人，計10〜15人が参加する．

　小立野校下における用水路にまつわる行事としては，「御山まつり」が挙げられる．この祭りは，辰巳用水の開削に携わった人夫たちの霊を慰め，祖先を敬い，地域住民の厄を払うことを目的として，1981年から毎年秋分の日に開催されている．元来，校下内の児童約1,200人が参加する子ども祭りであったが，近年では大人も参加するようになり，毎年，厄年の人が御輿を担ぐことになっている．単独の町会連合会が主催する祭りとしては，市内最大規模である．1995年には15周年記念事業として，紫錦台中学校前の辰巳用水に堰を作り，水を溜めて，30匹の鯉が放流された．

　住民個人単位での用水路の利用や維持が次第に限定されていく状況下において，以上のような町会，商店街，老人会などによる活動は，住民と用水路とを結びつける媒体としての機能を果たしている．住民は地域組織による清掃活動や行事への参加を通して，用水路との関わりを保持しているといえる．

7. おわりに

　本章では，金沢市の長町校下と小立野校下を事例として，都市住民による用水路利用，ならびに用水路の維持に対する意識と実践について分析してきた．最後に，両校下における分析結果を整理するとともに，都市内の用水路が，行政と住民とによっていかに維持・管理され，有効利用されるべきであるかについて論じる．

両校下とも，1960年代までは，用水路は住民の生活に関わって多様な機能を果たしてきた。洗濯場や用水路へ下りる入口としてのコウドが設けられ，用水路は住民の生活にきわめて密着したものであった。しかし1960年代頃から始まる道路拡幅工事や駐車場化，暗渠化の影響を受け，コウドは次第に消滅した。これらの変化は，上水道や電化製品，自動車の普及による住民のライフスタイルの変化に伴い，洗濯・水遊び場としての利用価値が，道路や駐車場としての利用価値に転換されていく過程であった。

　一方，散策路や融雪用，消火用としての機能は現在まで存続している。行政による景観整備事業の一環としての歩道整備，融雪板や消火用かまばの設置といった事業が，用水路の機能を「見て楽しむ」機能と「防災」機能に特化させてきた。つまり用水路の利用価値が，住民の日常生活に密着したものから，都市生活に新たな質的豊かさを与え，安全性を強化するものへと変化したといえる。

　用水路利用にみられる傾向としては，長町校下では年齢的な偏りは少なく，居住年数が長くなるのに伴い利用度も高くなっている。一方，小立野校下では年齢や居住年数による差異が顕著であり，利用者は年齢の高い人，居住年数の長い人に限られる。年齢の高い人，居住年数の長い人は，用水路がまだ開渠で水量も豊富だった時代から日常的に利用してきた住民層である。利用者の空間的分布に関しては，現在の主用途である散策路と融雪用としての利用者分布の比較から，住民個人単位による用水路利用が，機能的，空間的に次第に限定されていく過程が明らかになった。

　一方で近年，商店街や町会連合会といった地域組織において用水路を活用した行事が開催されている。こうした行事の開催は，住民を用水路沿いへと引きつけ，用水路が有する魅力や利用価値を再認識させるのに貢献している。また，住民同士の団結を高め，地域の自然的・歴史的景観を保存し，有効活用していく意識の高揚にも寄与している。

　住民による用水路の維持への考え方や実際の活動への積極性には属性による顕著な差異があり，清掃活動に対する意識と行動との齟齬もみられた。清掃活動が意識の高い人によって個人的に実践されているわけではない現状におい

て，「愛する会」や「福寿会」などといった地域組織の存在が，住民による清掃活動の実践にとって大きな推進力を有していることが明示された。

　現在の都市生活者にとって，個人単位で用水路を生活に利用し，維持するには限界があろう。したがって，上述のような町会や商店街，老人会などの地域組織が，用水路の新しい活用法を見出し，その維持に対して積極的な活動を展開していくことは，都市内用水路の存続にとって，今後一層重要な役割を担うものと考えられる。

　全体的に，小立野校下住民よりも長町校下住民，とりわけ，長町地区住民が用水路をより活用し，維持に対する意識も高いことが明らかとなった。長町校下は，大野庄用水と鞍月用水の上流に位置し，水質・水量ともに比較的良好であり，大部分が開渠化されている。また，長町地区に存在する「愛する会」の活動は非常に積極的であり，行政による大規模な修景工事も住民の意思決定に基づいて施工された。このことが，住民の用水路に対する意識をさらに高め，地域社会としての用水路の利用や維持活動を活性化させている。

　一方，小立野校下では，辰巳用水の水量不足が慢性化して以来，暗渠化も進展し，用水路は次第に個々の住民にとって利用し難いものとなってきた。小立野校下が辰巳用水の下流に位置することで，さらに水質・水量の面で用水路利用に不利な条件を被っているといえる。住民による維持に関しても，長町校下と比較して，住民はその必要性をより感じているものの，実際に行動を起こすには至らない。地域の用水路の活用，維持に努める住民組織（町会や老人会）は存在しているが，その活動規模は小さく，担い手も高齢者に限定されている。

　以上，本章の金沢の用水路景観に関する分析結果から，現代の都市住民を水辺景観の活用・保全へと向かわせる原動力として，「個人的な動機付け」と「社会的な動機付け」が存在することが指摘できる。

　個人的な動機付けとは，個人のライフヒストリーにおける水辺環境との係わりの有無が，その個人の環境保全意識の喚起に大きな影響を及ぼすということである。すなわち炊事，洗濯，飲用等，かつて日常生活に欠かせなかった水辺環境，あるいは子どもの頃の遊び場としての水辺環境が失われそうになったときに，都市住民は環境保全という行動を起こすのである。したがって，将来に

おいて都市の水辺景観が失われず保全・活用されていくためには，現代の若い世代が日常生活において身近な水辺環境と係わることが重要である。しかしながら，上水道や電化製品が普及し，子どもの遊びも多様化した現代の都市生活の中で，日常的に身近な水辺環境との係わりを持つことは難しい。そのような係わりを実現するためには，学校教育や地域社会における環境プログラム等によって，意図的にその機会を創出することが望まれよう。

一方，社会的な動機付けとは，都市住民が環境保全活動に参加するのは，環境を保全することそれ自体だけでなく，活動を通じた人と人との交流，地域社会の活性化を実現することを目的としている傾向があるということである。つまり，環境保全という本来の「目的」が「手段化」しているのである。特に長町校下では，「愛する会」や「せせらぎ祭り」にみられるように，行政による魅力ある用水路景観の創造が地域社会の環境保全・活用意識を喚起し，それによって保全・活用されより魅力を増した水辺環境が，さらなる地域社会の活性化を促すという，「環境」－「社会」間の相乗効果がみられた。現代の都市の環境保全においては，この社会的な動機付けを喚起するような取り組みがより重要になってくるといえよう。

[注]
1) ただし，小立野校下に関しては，長町校下に比べて世帯数が多く，空間的にもはるかに広いこと，辰巳用水の利用と維持について主に分析することなどの理由から，笠舞地区を除く，石引，宝町，小立野地区を配布対象とした。アンケート調査票は1999年8月29～31日にかけて配布した。配布世帯は，空間的に偏りが出ないように考慮して選定し，各戸の郵便ポストへ投函して回った。
2) 本章において「地区」と表記したとき，町丁目区分における「町」を意味する。したがって，長町校下は主に，片町地区，香林坊地区，長町地区，中央通町地区の4地区からなり，小立野校下は，小立野地区，石引地区，宝町地区，笠舞地区の4地区からなる。
3) 児童数の減少によって1987年，長町，長土塀，松ヶ枝，芳斉の4小学校が統合され，中央小学校となったからである。長町小学校の跡地は，地域住民の生涯学習施設となっている。
4) 張出歩道とは，道路の歩道部分が用水路上に張り出した構造になっているもので

あり，これによって用水路，道路ともに一定の幅を確保することができる．
5) 用途には洗濯や消火など「用水」(水そのもの) を利用するものと，散策や融雪など構造物としての「用水路」を利用するものとがあるが，本章では，すべての用途が「用水」を含めた「用水路」を利用しているとみなし，「用水利用」という語は用いず，「用水路利用」と表記した．ただし，明らかに水そのものを意味するときには「用水」という語を用いた．
6) 金沢市の用水の水質に関する公的データは，1971年からしか存在しないが，当時の水質はBOD値で鞍月用水取水口が3.3ppm，大野庄用水取水口が2.5ppmであった（辰巳用水に関しては本研究に適した測定地点のデータがなかった）．1990年代以降は，行政等の浄化政策の効果でともに1.0ppm付近を維持しており，住民からは昔のきれいな用水に戻ったという声も聞かれることから，1970年頃がもっとも水質の悪かった時代であったと推察できる．
7) 上水道が敷設されたのは，両校下とも金沢市でもっとも早く，1930年であった．しかし，住民は主に経済的な理由などから家庭へ水道管を導入せず，依然として井戸水や用水を利用していたようである．その後1950，60年代に入って，次第に上水道が各戸へ普及していった．
8) 聞取り調査によると，長町校下では，用水路沿いの歩道は，徒歩や自転車によって通学する児童の通学路として活用されているが，融雪用や消火用としては，各世帯の子ども世代や単身世帯が用水路を利用するといった事例はほとんどない．雪捨ての作業は後述するように，世帯主かあるいはその配偶者（主婦層）によって担われている．
9) 1632年に開削された辰巳用水の当初の目的は，金沢城の堀ならびに城内へ水を供給することであり，その後，兼六園へも通水するようになった．現在も兼六園へ水を供給しているが，そのための地下トンネルと本流との分岐は，辰巳用水が小立校下へ入るよりも上流に設けられている．
10) 清掃日の2，3日前には，辰巳用水土地改良区によって用水が堰き止められる．朝9時に集合し，約2時間30分かけて清掃が行われる．実際に用水路へ下りるのは男性であり，女性は用水路から除去された枯葉や空き缶などといったごみを袋に入れる作業をする．

[参考文献]
一ノ瀬俊明 2001．都市における河川のヒートアイランド抑制効果．河川57（8）：18-22．
門野晶子 1996．荒川流域にみる河川の水辺環境に関する都市住民の意識と行動．季刊地理学48：241-254．
金　那英・畔柳昭雄 2005．韓国釜山市の温泉川における河川環境整備と住民との係

わりの変遷に関する研究．環境情報科学論文集 19：145-150．
畔柳昭雄・渡邊秀俊 1999．『都市の水辺と人間行動』共立出版．
佐藤典人 2009．水辺都市の気温分布と局地循環．法政大学大学院エコ地域デザイン研究所編『法政大学大学院エコ地域デザイン研究所 2008 年度報告書』21-30．法政大学大学院エコ地域デザイン研究所．
塩崎賢明・内藤裕道 1994．都市内河川をまちづくりに生かすー出雲市高瀬川を事例としてー．都市問題研究 46（8）：30-44．
高瀬信忠・広部英一 1988．芝原用水の計画設計と施設管理の現況および地域住民の利用意識ー芝原用水の土木史的再評価ー．日本海域研究所報告 20：111-130．
谷口智雅 2008．荒川下流域における魚眼レンズによる景観写真と河川空間イメージ．環境情報研究 16：89-95．
坪井塑太郎・萩原清子 2002．都市内部の閉鎖水域における防災性を考慮した水辺環境評価構造に関する研究ー東京都千代田区外濠公園を事例としてー．環境システム研究論文集 30：153-159．
坪井塑太郎・萩原清子 2004．都市における地震災害リスク認知の特性と水辺空間活用に関する研究ー東京都区部を事例としてー．環境情報科学論文集 18：293-298．
馬渕旻修 1987．街づくりに水環境の果たす役割ー郡上八幡の水環境を例としてー．岐阜地理 27：35-44．
渡部一二 1984．『生きている水路ーその構造と魅力ー』東海大学出版会．

あ と が き

　本書は，都市の水環境や流域の水需給を主な研究テーマとしてきた著者のこれまでの研究成果をまとめたものである。このテーマを研究する上で，著者は地理学を学問的ルーツに持つ者として，次の3つの意味での融合を念頭に置いてきた。それらは，自分が研究対象とする地域や事項について絶対的視点と相対的視点を持つこと，定量的なデータ解析（統計解析やGIS解析など）と定性的な現地調査（景観観察や聞取り調査など）を組み合わせること，自然的事象に対する関心と人文社会的事象に対する関心を持つこと，という3つの融合である。

　1つめの絶対的と相対的であるが，本書のⅣ，Ⅴ章では，それぞれ個別の流域を対象にして，その流域内部における河川水利体系や水利用の実態を詳細に明らかにし，水需要や水供給能力を規定するいくつかの地域的条件について分析した。これらは，対象とした流域の水利用や水需給にみられる絶対的な特徴を理解しようとするものであった。その一方で，Ⅲ章は，相対的視点を強調する形で日本全国の主要流域の水需給特性をすべて横並びで同じ基準で比較考察したものである。地域の特徴を理解する上で，このように他との比較において相対的に解釈するという視点は重要である。たとえば「ある地域の水使用量は1,000m^{3}である」というだけでは，それが多いのか少ないのかの判断は付かない。何かの特徴を表現するときには，しばしば「高い」「低い」とか「大きい」「小さい」などといった形容詞や，「熱心な」「豊かな」などといった形容動詞が用いられるが，それらの表現はすべて他の地域（あるいは他の時期）との比較においてはじめて可能となるのである。Ⅱ章で共助・自助の事例として4つの行政区を対象としたのも，Ⅳ，Ⅴ章で2つの流域を対象としたのも，Ⅶ章で2つの小学校区を対象としたのも，すべてその意図はこの絶対的視点と相対的視点

の融合にある。

　2つめの定量的と定性的であるが，これは先の1つめの融合と大いに関連している。すなわち，自分が研究対象とする地域とテーマを決めたならば，まずそれよりも大きい空間スケール（対象地域を含む市町村あるいは都道府県全体など）を想定しながら，統計データや地図等の資料を収集し，定量的・客観的尺度でもって当該地域の相対的特徴を把握しようとする。その上で，研究対象地域の内部において，具体的に水環境がどのような状態になっているのか，水利用などにみられる人と水の関係はどうなっているのかなどを，定性的な景観観察や聞取り調査，アンケート調査（いわゆるフィールドワーク）によって詳らかにする。この絶対的・定性的調査と相対的・定量的分析の2つを組み合わせるということはすなわち，1つのテーマを研究する中で，複数の空間スケールを設定し，それぞれのスケールに見合った方法論で調査・分析し，それらを組み合わせながら総合的に考察するということである。1つの研究におけるこのような空間スケールの重層性というのは，地理学的研究が有するユニークなアプローチであるといえる。II章で取り上げた公助・共助・自助という視点は，まさにこの空間スケールの重層的アプローチに合致するものであるし，VI章で地下水取水に関する公的データから多摩地区の市町村を類型区分し事例調査を行ったことなども，このアプローチを意識してのことである。

　3つめの自然的と人文社会的であるが，とくに環境問題を研究するすべての研究者にとって不可欠なことであるといえよう。著者は人文地理学分野で修士号と博士号を取得したこともあり，人間の生活や経済活動を中心とする人文社会的事象については，調査・分析や考察の方法をそれなりに学んでおり，これまで実際にいろいろな機会に実践し経験を積んできた。一方，自然的事象に関しては，残念ながら著者は自ら調査・分析する能力を持たないが，既存の文献やデータを参照しながら，できるだけそれらも踏まえた考察をするように心がけている。I章で諏訪湖の水質や結氷に関する観測データを用いたり，III章で降水量のデータを用いたり，V章で地形条件の分析を試みているのがその例である。

　これら3つの融合という発想は，著者ならではの独自の研究スタイルという

わけではなく，地理学という学問がもともと持っていた地域研究の方法論であり，決して新しいものでもユニークなものでもない。ただし，地理学が学問として深化する過程において，系統科学化する，あるいは研究テーマが細分化する中で次第に忘れられるようになっていった感は否めない。一方で，21世紀は環境の時代といわれるが，環境問題を研究する際には特定の事象に着目する系統的アプローチではなくて，複合的，総合的視点が必要であることは論をまたないであろう。そのような中，近年，「地理学」への関心が高まってきているように思う（自らも「地理学者」と名乗りたい著者の思い込みかもしれないが，少なくとも，関心が高まらないといけないとは思う）。わざわざ括弧を付けて表記したのは，人文地理学でもない自然地理学でもない，両者の垣根のない「地理学」という意図である。自然環境と人間活動との相互関係を追究し，地域の環境問題の本質を理解し，その解決策を提示するためには，地理学をもう一度「地理学」へと統合するプロセスが必要であろう。著者が意図してきた3つの融合も，まさにそのような「地理学」のスタンスと合致するものであるということを，著者は最近になってようやく自覚しはじめるようになった（少なくとも大学院生の頃は無自覚であった）。環境問題への関心が高まりをみせる中，他の学問分野にはない「地理学」のアドバンテージであるはずの，様々な空間スケールからなる地域を複合的，総合的に考察しようとする研究アプローチは，これからますます脚光を浴びるようになるであろう。著者も「地理学者」の1人として，学術界ならびに一般社会において「地理学」にスポットライトが当たるよう，自らも積極的に働きかけていかなければならないとの思いを新たにしているところである。

とはいえ「地理学」を1人でやるのは実に大変なことである。著者自身，自ら掲げたこの3つの融合をこれまでの研究で十分に果たしてきたとはいえず，まだまだ足りないところが多々ある。それを補うことは真の「地理学者」になるために著者に課せられた今後の課題である。本書を読まれた多くの方々からのご意見・ご感想を賜ることができれば幸いである。

山下亜紀郎

索　引

[ア行]

相野谷浄水場　100
アオコ　1,6,11
明海　9
昭島市　130,133,139
浅井戸　133,134,136
芦山浄水場　93
暗渠化　143,152,160,174
伊讃美ヶ原記念揚水土地改良区　74
石積護岸　147,148
石引　148
一級水系　37,50
茨城県西広域水道用水供給事業　101
茨城県中央広域水道用水供給事業　96
イベント船　7,13
今井区　24,27
雨水浸透枡　131,133
枝内浄水場　94
江連用水　72,77,79
江連用水土地改良区　74,75,77,79
江戸川　119
大井口土地改良区　74
大井口用水　72
大野庄用水　145,147,153,175
大谷川　74
岡谷市　3,18,20,21,34
小川第一土地改良区　65
小川第二土地改良区　68
小川土地改良区　65
小川町吉田土地改良区　70
小川用水　65,66

屋外防災スピーカー　22
小河内ダム　119
小田井沢川　20
御神渡り　1,10
御山まつり　173
おんぶ帯　26

[カ行]

開渠化　147,148
貸切船　7,13
貸船業　2,5,11
貸船業者　3,5,7
霞ヶ浦　61
河川水需給　81
河川水需給体系　80,93,112
河川水利　37
河川水利体系　53
河川水利用　53-56,64,80,81
河川法　89
片平地区　68,70
片町　147
勝瓜口土地改良区　74
勝瓜口用水　72
勝瓜頭首工　58,74
渇水　50,74,85,86,96,136
金沢市　144,145,151
かまば　157
烏山北部土地改良区　68
簡易水道　95
灌漑水利体系　54,55,57,65,71,81
環境変化　1,3

環境保全　13,176
還元水　82
観光業者　1,11
観光研究　2
観光資源　1
慣行水利権　66
観光戦略　3
観光地の都市化　14
神田上水　118
気候値メッシュ　40
鬼怒川　55,61,72
鬼怒川南部地区農業水利事業　58,72,74
鬼怒川南部土地改良区連合　65,72
鬼怒・小貝川流域　55,57,58,61,64,65,71,80, 81,88-90,93,102,105,107,111,112,114
絹土地改良区　74
絹用水　72
給水区域　88,94,98,119
給水原価　101
給水人口　88,94,100,119,130,134
給水体系　96,98
共助　18,23,30,31,34,35
行政区　20,23,34
許可水利権　57,68,74,95,96,107,111
曲水　151
鞍月用水　145,147,153,175
黒子頭首工　74
景観整備事業　147,148
建築物用地下水の採取の規制に関する法律（ビル用水法）　125
広域水道　91,93,98,100,101,112,140
豪雨　17
校下　145
工業統計表用地・用水編　39
工業用水　44,58,109,125,127
工業用水需要　39

工業用水道　125-127,136
工業用水法　125
公助　18,21,30,31,34,35
降水量　40,46
楮川浄水場　96
楮川ダム　96
コウド　152,154,174
江東地区工業用水道事業　126
香林坊　147
小貝川　55,61
国勢調査地域メッシュ統計　38
国土数値情報　38
国分寺市　130,132,139
個人的な動機付け　175
小立野　148
小立野校下　145,147,151,153,163,164,168, 170,172,175
権津川　65,66

[サ行]
災害　17
災害情報　18
相模川　119
雑用水　125,127
散策路　151,154,160,161,163,164,174
3次メッシュ　38
暫定水利権　95
GIS　37,38,86,89
COD　6
事業所・企業統計調査地域メッシュ統計　39
事業所密度　42
自主防災会　23,24,32-34
自助　18,27,30,31,34,35
地盤沈下　117,125,127,132
志平川　21

下諏訪町　3
社会的な動機付け　175
就業構造　4
集水域　3
修正ウィーバー法　87,105
取水口　56,71,72,88
取水量　56,57,64,68,107,111
消火　151,154,174
浄水受水　90
上水道　90,93,98,130,132,133,136
蒸発散量　40
城北地区工業用水道事業　126
人口　38,40,42
人口増加　3
人口増加率　40
人口密度　40,42
親水　143
水源　88
水源別取水量　88,97,101
水質　1,87,153
水質汚濁　6,11
水田面積　39,41,42
水田面積率　41,42
水道水源　88,101
水道普及率　91-93,96
水道用水　44,58,88,90,93,109,112,128
水道用水供給事業　90
水道用水供給システム　85,88,93,98,101,110
水道用水需要　38
水道料金　101
水利権　53,56,64,80,89,93,94,107,109,111,113,126
水利システム　82
水利体系　110
水利秩序　53,54
水利調整　53,72,75,85

水利転用　54,86,117
諏訪湖　1-3,6,11,20
諏訪湖釣舟組合（釣舟組合）　8
諏訪市　3,5
諏訪市貸船組合（貸船組合）　5,7
諏訪地域　3
生活用水　98,152
生業　13
清掃活動　164,167,170-172,174
製造業事業所数　39,41
せせらぎ通り商店街　172
せせらぎ祭り　172
節水　136
洗濯　151,152,160,174
全面結氷　8,9,13
総水需要　44,45,47

[タ行]
大谷川　58,61
田川　72
立川市　130,139
辰巳用水　145,147,148,153,160,173,175
辰巳用水を美しくする会　172,173
多摩川　118,119
玉川上水　118
多摩地区　119,125,128
多摩地区水道事業の都営一元化　122
ダム　61,81
ため池　66,68
淡水補給水量　39
地域社会　17
地域的傾向　38,40,42,44,50,102
地域防災　18,31
地域防災力　18,31,35
地下水　90,91,95,98,101,112,117,118,122,127-129,134,136

地下水位　127,132,136
地下水保全　118,130,139
地下水揚水量　125,127,128,130-132
地下水利用　118,125,128,130,136,139
地形　89,101,113
茅野市　3
町会　145
町会連合会　145
町内会　25
釣舟　5
釣舟業　2,8,11
釣舟業者　3,8,10
DEM　86,89
天竜川　3,20
東京都　122,123
東京都工業用水道　127
透水性舗装　133,134
都営水道　122,123,130,132
ドーム船　10,11,13
特定水利権　57,58,61,90
都市型水害　131,144
都市住民　143,144,153,173,176
土砂災害　17,18,20
都市用水　45,47,80,85,86,112,114,118,128
土石流　18,20
土地改良区　54,72,75,153,170
栃木県営西の原用水改良事業　65,67
土地利用　39,41,86,89,105,113
土地利用組合せ類型　105,113
土地利用メッシュ　39,89
隣組　25,34
利根川　55,123
利根川水系水資源開発基本計画　123
都民の健康と安全を確保する環境に関する条例（環境確保条例）　125

[ナ行]
那珂川　55,61,94,95
中川　119
那珂川流域　55,57,58,61,64,65,71,80,81,88-90,93,102,105,107,111,112,114
長町　147,168,171
長町校下　145,147,151,153,161,164,168,170,175
長町武家屋敷界隈を愛する会（愛する会）　147,169,171
中三坂地区　77,79
西の原地区　65,67,71
西の原頭首工　68
西の原用水　66
西の原用水土地改良区連合　65
農業水利　53,54
農業水利権　57,112
農業用水　39,44,66,71,80,109
農業用水需要　40,47,58

[ハ行]
パイプライン　79,80
橋本浄水場　98
畑地面積　39,41,42
畑地面積率　41,42
花岡区　24,27
原村　3
張出歩道　147,148
班　145
番水　76
避難行動　17
表流水　90,91,95,98,101,112,118,122,130,136
開江浄水場　94
富栄養化　6
深井戸　79,100,130,132,134
福寿会　149,169,172

富士見町　3
分散水道システム　140
平成18年7月豪雨　20
平年値メッシュ　40
箒川　65
防災意識　18,21,24,27,29,31-33,35
防災インフラ　33
防災ガイド　21
防災グッズ　29
防災訓練　23-25,33
防災資機材　23,24,26,33
防災情報　22,32
防災施策　17,21,23,34
防災倉庫　26
防災パトロール　24,26,33
防災マップ　21,22,27,31,32,34
防災ラジオ　22,23,27,32,34
豊水水利権　96

[マ行]
三沢区　24,27
水遊び　151,152,154,160,174
水供給　64
水供給可能量　40
水供給能力　113
水資源開発　54,64,82,118,123
水資源賦存量　40,46,47
水資源問題　55,114
水資源容量　85,88
水需給バランス　50,82,113,114
水需給比　46,47,49,50
水需給ポテンシャル　37,44,50
水需要　64,85,88,113
水不足　66,75,77,79
水辺空間　143,144
水辺景観　143,144,175

水まき　151
水海道市　77,88,98,101,110,112
水海道浄水場　101
水戸市　88,93,110,112
むかしの井戸づくり事業　133
メール配信＠おかや　22,29

[ヤ・ラ・ワ行]
結城用水　72
結城用水土地改良区　74
湧水　66,68,133
融雪　151,154,158,160,161,163,164,174
遊覧船　5
揚水機　75-77,79,80
用水利用形態　65
用水路　54,143-145,151,152,154,161,164,
　　167,170,172,174
用水路景観　144,175
用水路の維持　144,164,167,169,173,174
用水路利用　144,151-153,157,173,174
用排水体系　57,65,66,68,77
横河川　20
横川区　24,27
吉田用水　72
吉田用水土地改良区　74
リモートセンシング　86
流域　37,38,50,55,85,86,88,113,114
流域外導水　61,86,109
流域起伏量比　101,102
流域形状比　101,102
流域特性　40,42,50
流域・非集水域メッシュ　38
流域変更　86
流域水需給データベース　38
老人会　145
ワカサギの穴釣り　8,10,13

[著者略歴]
山下亜紀郎（やましたあきお）
筑波大学生命環境系助教．石川県金沢市出身．筑波大学大学院地球科学研究科単位取得退学．博士（理学）．東京大学空間情報科学研究センター，酪農学園大学環境システム学部を経て現職．

水環境問題の地域的諸相

平成 27（2015）年 2 月 20 日　初版第 1 刷発行
著　者　山下亜紀郎
発行者　株式会社古今書院　橋本寿資
印刷所　株式会社太平印刷社
製本所　渡邉製本株式会社
発行所　株式会社古今書院
〒101-0062　東京都千代田区神田駿河台 2-10
Tel 03-3291-2757
振替 00100-8-35340
©2015　YAMASHITA Akio
ISBN978-4-7722-8115-7　C3025
〈検印省略〉　Printed in Japan

いろんな本をご覧ください
古今書院のホームページ

http://www.kokon.co.jp/

★ 700点以上の**新刊・既刊書**の内容・目次を写真入りでくわしく紹介
★ 地球科学やGIS, 教育など**ジャンル別**のおすすめ本をリストアップ
★ 月刊『地理』最新号・バックナンバーの特集概要と目次を掲載
★ 書名・著者・目次・内容紹介などあらゆる語句に対応した**検索機能**

古 今 書 院
〒101-0062　東京都千代田区神田駿河台 2-10
TEL 03-3291-2757　　FAX 03-3233-0303
☆メールでのご注文は　order@kokon.co.jp へ